设计精品
必 修 课

（第2版）

马 黎　李才应　编著

U0286050

清华大学出版社

北京

内容简介

本书是视觉客联合一线老师倾情打造的关于UI设计的核心教材,书中结合作者多年丰富的项目制作和培训教学经验,从零开始全面阐述UI设计的技术、方法、流程和标准。

全书共22章,第1、2章介绍UI设计基础,包括认识UI设计、互联网公司用户体验设计团队的组成、UI设计师职业发展规划等;第3章讲解UI设计基础工具Photoshop、Illustrator、Figma软件的快速使用,UI设计的项目资源管理与互联网产品开发项目流程;第4章讲解有关UI设计的20个通用原则;第5~10章讲解图标设计、App产品定位、产品需求、竞品分析、用户画像、用户需求、设计色彩、UI交互线框、规范及实例;第11~15章讲解网站UI设计与B端后台的相关内容;第16、17章讲解运营UI设计,包括版式设计、LOGO设计、字体设计、BANNER版式设计、启动页设计等;第18章讲解前沿的UI设计,包括汽车HMI设计、数据可视化、游戏、BIM、AI等;第19章讲解UI交互设计;第20章讲解UI动效设计,安排了26个After Effects案例;第21章讲解UI设计走查与蓝湖的使用、团队协作等;第22章讲解优秀UI设计作品集与常见面试100题。

本书赠送教学视频和教学用PPT课件,方便读者学习。

本书不仅适合从事UI视觉设计、电商设计、平面设计、交互设计、用户体验等专业的读者学习阅读,也可以作为高等院校视觉传达、平面设计、艺术设计、产品设计、工业设计、环艺设计、游戏设计、计算机技术等相关专业的教辅图书及相关培训机构的参考图书。

图书在版编目(CIP)数据

UI设计精品必修课 / 马黎,李才应编著. —2版. —北京:清华大学出版社,2024.6
ISBN 978-7-302-66259-4

Ⅰ.①U… Ⅱ.①马… ②李… Ⅲ.①人机界面－程序设计 Ⅳ.①TP311.1

中国国家版本馆CIP数据核字(2024)第095620号

责任编辑:张　敏
封面设计:郭二鹏
责任校对:胡伟民
责任印制:丛怀宇

出版发行:清华大学出版社
　　　网　　　　址:https://www.tup.com.cn,https://www.wqxuetang.com
　　　地　　　　址:北京清华大学学研大厦A座　　邮　　编:100084
　　　社　总　机:010-83470000　　　　　　　　邮　　购:010-62786544
　　　投稿与读者服务:010-62776969,c-service@tup.tsinghua.edu.cn
　　　质　量　反　馈:010-62772015,zhiliang@tup.tsinghua.edu.cn
　　　课　件　下　载:https://www.tup.com.cn,010-83470236
印　装　者:三河市人民印务有限公司
经　　　销:全国新华书店
开　　　本:170mm×240mm　　印　张:15.25　　字　数:455千字
版　　　次:2019年11月第1版　2024年6月第2版　印　次:2024年6月第1次印刷
定　　　价:99.00元

产品编号:105704-01

编委会

前言
PREFACE

UI 即 User Interface（用户界面）的简称。

随着互联网的高速发展，人工智能技术的推动，AI 与新能源汽车的智能座舱再加上全链路视觉营销理念潜移默化的普及，越来越多的人开始重视 UI 设计。就待遇而言，UI 设计师依然是整个设计行业的香饽饽。

但是，许多人以为 UI 设计就是设计用户界面。实际上，User Interface 只是设计的一部分工作，UI 设计的核心在于 "User"。在苹果、Airbnb 这些公司是没有 UI、交互等分类的，其设计只有一个名称，那就是 UED（User Experience Design，用户体验设计）。真正的 UI 设计师都要经历用户研究、竞品分析、产品定位、方案制订、原型制作，还有可用性测试这些过程，而不仅仅是单纯的界面图形设计。

技法是基础，但要继续提升还需要很多复合型的成长，包括对产品、交互、开发的理解，沟通、推动的能力，对数据的敏感性，对品牌、创意的认知，对用户研究方法的认知。这些都是设计师可以发挥的点，也是一个优秀的设计师应该具备的专业思考和理解能力。

许多初级的 UI 设计师往往会忽略用户体验而追求界面设计的华美，认为好看的界面就会受到欢迎。其实这是一种本末倒置的做法。

暂且不说大公司的 UX 和 UI 设计师，当前 90% 的公司都希望 UI 设计师掌握系统的 UED 及产品交互全流程设计。

UI 设计是指对软件或者硬件的人机交互、操作逻辑、界面美观的整体设计。

UI 设计主要包括视觉设计、交互设计、用户体验 3 部分。

本书采用一种新的思路和方式来阐述 UI 设计的必修课内容，包括技术、方法、流程与标准；从零开始，详细地讲解与 UI 设计有关的实用知识，可读性强，注重逻辑思维培养和从用户需求角度来考虑产品功能，帮助读者快速建立起自己的 UI 设计知识框架。同时，本书弥补了市场上缺乏相关优秀书籍的现状，不仅讲解了 UI 设计的视觉、用户体验、交互设计、汽车 HMI 设计等方面的知识，还安排了大量篇幅讲解工作中 UED 团队、UI 设计师职业发展规划、UI 设计师收入、UI 设计师面试的常见问题等。

　　随着智能大屏设备的普及，移动软件产品开发成本的降低，相关领域的大型公司纷纷成立了移动产品设计部，小程序创业型公司也如雨后春笋般崛起，如何快速地把市场需求转化成产品交互框架，成为所有公司的迫切需求。这就要求无论是产品经理、程序员，还是 UI 设计人员，都需要学习相关的知识。传统的 Axure RP Pro 软件虽然是一个非常好的交互流程线框原型工具，但是如果没有配套的业务知识来支撑，那么做出来的交互将会不够实用，商业性也不强。本书用一种新的思路和方式来阐述产品交互与动效表达的技术与方法。本书讲解的主要 UI 设计工具为当前最流行的 Figma 软件，配合 Photoshop、Illustrator、After Effects、蓝湖等软件来完成 UI 设计。

　　全书具体内容如下。

　　第 1 章从 UI 设计概念讲起，详细介绍了公司 UED 的组成、UI 设计师职业发展规划、UI 设计师的收入，帮助初学者建立对 UI 设计的基本认识。

　　第 2 章阐述 UI 设计的风格、应用领域，以及 5G 与人工智能带来的一些机遇。

　　第 3 章通过本书配套视频教程，让初学者快速掌握 Photoshop、Illustrator、Figma 软件的使用；主要讲解有关 UI 设计的项目资源管理与互联网产品开发项目流程。

　　第 4 章讲解 UI 设计的 20 个通用原则。

　　第 5 章讲解图标的进化史、图标设计及图标设计规范。

　　第 6 章讲解 App 的概念、分类，互联网产品定位、产品需求、竞品分析、用户画像、用户需求、开发版本的功能优先级等。

　　第 7 章讲解色彩的概念、App 设计中颜色的搭配。

　　第 8 ～ 10 章讲解 App、UI 的交互线框布局设计、规范、切图适配，以及 7 种常见的 App 与小程序实例讲解。

　　第 11 ～ 15 章讲解网站 UI 设计相关内容，包括通用模块版式、网站设计风格、网页 UI 设计规范、网站公共控件与交互事件、响应式网页设计与栅格化、4 类网站的功能模块与布局。

　　第 16 章讲解平面版式设计，折页、宣传画册、VI 设计及 LOGO 的设计等。

　　第 17 章讲解运营字体设计、BANNER 版式设计、启动页设计、HTML5 推广活动页设计、弹窗设计、MG 交互动效设计，以及吉祥物的设计等。

　　第 18 章讲解汽车 HMI 设计与前沿的 UI 设计相关的知识，包括 HMI 的概念与汽车 HMI 设计流程与方法，数据大屏、游戏、BIM、AI 人工智能的 UI 设计等。

　　第 19 章讲解主流 UI 交互设计，帮助读者进一步掌握 UI 设计的核心理念。

　　第 20 章讲解 UI 动效设计，安排了 26 个综合的 After Effects 案例。

　　第 21 章讲解 UI 设计走查与蓝湖的使用，包括 UI 项目设计的后期工作，UI 设计走查与上传蓝湖平台，以及团队协作工作等。

　　第 22 章讲解优秀 UI 设计作品集与常见面试 100 题。

　　本书由上海出版印刷高等专科学校马黎老师和视觉客李才应共同编著完成。马黎，设计学博士，高级工艺美术师，广州市包装技术协会副秘书长，主要从事产品设计、服务设计、社会创新、循环设计与可持续等方面的教学、研究和实践。视觉客，致力于设计人才交流与培养的平台，涉及 UI 设计、汽车 HMI 设计、游戏设计、影视动画、展览空间设计、AI 人工智能、产品设计、新媒体等专业领域。

本书售后

本书作者有着近 20 年的 IT、计算机图形图像和艺术设计领域相关图书的编写经验，善于提炼知识内容，总结教学方法，能够将实用的技术和职业技能以高效、快捷的方式传授给需要的用户。

我们本着"学习使人进步"的信仰，秉承"授人以鱼，不如授人以渔"的核心教育思想，通过"教、学、产、研、人"五位一体的发展思路做好良心教育工程。

我们不仅仅是传道授业解惑者，更是学习、生活的良好组织者和促进者。

依托现有约 10000 名一线资深设计师、2000 名大学老师、3000 个互联网企业、500 个动漫与设计公司资源，欲打造真正的"教、学、产、研、人"一体化构想。

目前开设有"UI/UE 设计精品必修班""UI/UE 设计作品集高级研修班""UI 电商设计精品必修班""UI 交互动效必修班""AI 人工智能设计高级研修班""UE 5 虚幻引擎精品必修班""汽车 HMI 设计高级研修班""展览展示设计高级研修班""Blender 设计精品研修班"等前沿课程。

读者可扫描下方二维码获取本书教学用 PPT 课件和教学视频。

2024 年 2 月

编者

PPT 课件

教学视频

目录
CONTENTS

第1章

认识 UI 设计及 UED 设计部门

在系统学习 UI 设计之前，需要先详细了解 UI 设计的基本概念及相关的基础知识。本章内容包括 UI 设计概念、UED 设计团队的组成、UI 设计师职业发展规划、UI 设计师收入和 UI 设计入门 10 条提示。

◆ 1.1 UI 设计概念

UI 即 User Interface（用户界面）的简称。

UI 设计则是指对软件的人机交互、操作逻辑、界面美观的整体设计。好的 UI 设计不仅让软件变得有个性、有品位，还让软件或者智能硬件的操作变得舒适、简单、自由，并充分体现软件的定位和特点，互联网产品研发的 UI 设计岗位及相关工作内容与流程，如图 1-1 所示。

图 1-1　UI 互联网产品相关岗位及工作内容与流程

其中 PM 为产品经理，UX 为用户体验设计师，IXD 为交互设计师，RD 为研发工程师，TES 为测试工程师，OM 为运营管理。

UI 主要分为三大块：UI 视觉设计、UI 交互设计和 UI 用户体验设计。

如果把一款软件产品比作一个美女的话，视觉就是一个美女的化妆和打扮，交互就是一个美女的五官位置及骨骼体态，用户体验就是美女是否善解人意、贴心、易于沟通交流等。

UI 视觉设计，又被称为图形用户界面（Graphical User Interface，简称 GUI，又称图形用户接口），主要解决应用与软件产品的风格，如商务风、科技风、女性化等，对图标及元素进行尺寸及风格上的美化，在产品的功能辨识性及控件统一性、美观性上进行设计。

UI 交互设计，又被称为 IXD（Interaction Design 的缩写），是定义、设计人造系统的行为的设计领域，它定义了两个或多个互动的个体之间交流的内容和结构，使之互相配合，共同达成某种目的。交互设计努力去创造和建立的是人与产品及服务之间有意义的关系，以"在充满社会复杂性的物质世界中嵌入信息技术"为中心。交互系统设计的目标可以从"可用性"和"用户体验"两个层面上进行分析，关注以人为本的用户需求。

UI 用户体验设计，通常被称为 UED（User Experience Design）或者 UXD（User Experience Designer），简称 UX，是贯穿于整个设计流程，以调研挖掘用户真实需求，认识用户真实期望和内在心理及行为逻辑的一套方法。用户体验设计是使用数据建模测试等手段来辅助提升软件产品的易用性、用户黏性和用户好感度的一种综合工作方法。

◆ 1.2　UED 设计团队的组成

互联网公司的 UED 团队组成成员如下。

UI 设计师：英文全称为 User Interface Designer，主要负责 UI 设计的相关设计。

交互设计师：英文全称为 Interaction Designer，主要负责产品的交互设计。

视觉设计师：英文全称为 Visual Designer，主要负责产品的 UI 视觉设计。

用户研究员：英文全称为 User Researcher，主要负责产品的用户研究。

用户体验设计师：英文全称为 User Experience Designer，主要负责产品的体验设计。

产品经理：英文全称为 Product Manager，主要负责产品的研发。

项目经理：英文全称为 Program Manager，全面负责产品的整体运营。

前端工程师：英文全称为 Front End Developer，主要负责产品的 UI 页面的技术实现。

原型架构师：英文全称为 UI Prototyper，主要负责产品前期的原型与架构。

内容设计师：英文全称为 Content Designer，主要负责产品的内容版块。

运营设计师：英文全称为 Operations Designer，主要负责产品运营方面的设计。

客户 / 老板：主要提出产品的需求与结果。

图 1-2 所示为公司 UED 团队主要组成成员的示意图。

图 1-2　公司 UED 团队主要组成成员

◆ 1.3　UI 设计师职业发展规划

UI 设计师的职业发展规划分成两种路线，第一种是视觉设计做到底的垂直发展 UI 设计师，第二种是横向发展的设计师，比如转产品经理、项目经理。两种设计师的技能要求与发展模式是不一样的，根据每个人的性格及志向，两种设计师在行业中都十分受欢迎，下面是 UI 设计师职业发展的常见路径。

1. 新手 UI 设计师

熟悉操作基本的 UI 绘制软件，如 Photoshop、Illustrator、After Effects、Sketch、Adobe

XD、Figma、C4D、Blender 等，其中 Sketch、Adobe XD、Figma 只要掌握一款即可，当然目前 Figma 是主流的 UI 设计软件；能按照产品交互提供的线框图绘制 UI 视觉；能按照功能绘制相对应的图标，知道图标的尺寸规范、配色统一性等，能很好地诠释图标的功能与寓意；能按照每个平台绘制适合这个平台的 UI 控件，能准确地交付带有切图、标注坐标及字号的文件与输出，能按产品定义绘制界面风格、元素图标，着重软件及视觉表现，辅助资深设计师做一些简单的界面设计。

2. 进阶 UI 设计师

在新手 UI 设计师的基础上，有一定的沟通能力及项目经验，知道如何凸显界面上的信息层级，做出来的界面比较成熟、层级清晰、有节奏感、赏心悦目；能较好地把握设计流行趋势，擅长多种风格表达，有一定的自我设计认知及设计偏好；开始研究产品定义及用户体验对界面的影响，能保质保量地完成部分模块的界面设计和切图交付；开始着手于更多的软件，如交互动效类、交互线框原型类软件的探索及使用。

3. 高级 UI 设计师

能够独立完成并落地一个软件产品的整体设计，设计出符合此产品的风格，且兼顾当下 UI 流行趋势的设计；经历过 App、小程序、网站、运营、PC 端应用软件、B 端应用程序、平面视觉等多种项目，能独立完成产品从 0 到 1 的线框原型，熟悉各种 UI 设计规范；其本身除了视觉设计，还有交互动效、C4D 或者 Blender 的 3D 表现、运营插画、HTML5、CSS3 等各种附加技能。并对 UI 设计有横向发展、融会贯通的能力，比如数据大屏 UI、硬件 HMI、汽车 HMI 设计等。

4. 资深 UI 设计师

除了能很好地完成软件的整体设计，还能很好地与客户及产品经理、总监、程序员沟通，理解产品需求，对软件整体框架、交互操作流程有整体认识，而不仅仅以好看或不好看作为一个产品 UI 设计的评判标准；会按公司能力和项目时间，合理地调配设计时间、资源并输出方案；会竞品分析，会运用多种用户体验调研手法来佐证自己的设计，会加入自己项目的后续上线测试及迭代中，懂得使用数据及调研驱动设计升级，熟悉程序开发框架。

5. 首席 UI 设计师

把握公司产品的整体设计方向，深入了解公司业务流程，设定设计标准及规范，主要是视觉建议、UI 规范文档，做出公司产品强有力传播价值的设计风格；积极参加 UX、UI 方面的展会论坛，实现公司设计价值输出。

6. UI 设计总监

对接客户及公司高层，协调公司的设计资源，管理项目资源，建设设计团队，积极推动项目进展，以及向高层及客户总结汇报。

垂直发展的 UI 设计师技能如下。

1）UI 视觉设计。

2）产品交互架构。

3）用户体验方法。

4）产品项目管理。

5）代码框架设计。

6）运营插画设计。

7）动效表现。

8）3D 等风格表现。

9）数据调研分析。

10）B 端产品 UI 设计。

11）智能硬件 UI、汽车 HMI 设计。

多管齐下提升以上 11 个技能，甚至可以在将来跨专业，直接转型成为产品经理、创业公司合伙人、数据分析师等。图 1-3 所示为 UI 设计师技能分析图，UI 设计师最终发展成为具备产品经理能力级别的 UI 设计总监。

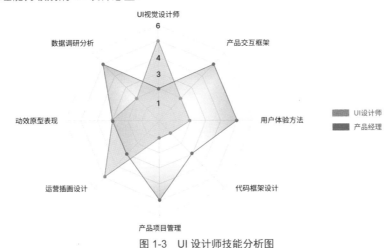

图 1-3　UI 设计师技能分析图

◆ 1.4　UI 设计师收入

根据某招聘平台提供的调研数据，一、二线城市 UI 设计师的普遍收入如下。

1～2 年的初级 UI 设计师，基本收入在 6～8 千元，优秀的可以超过 8 千元。

2～3 年的中级 UI 设计师，基本收入在 8～12 千元，优秀的可以超过 12 千元。

3～5 年的高级 UI 设计师，基本收入在 12～15 千元，优秀的可以超过 15 千元。

5 年以上的资深 UI 设计师，基本收入在 15～30 千元，优秀的可以超过 30 千元。

首席设计师与 UI 设计总监，基本收入在 20～50 千元，优秀的可以超过 50 千元。

图 1-4 所示为 UI 设计师收入。

图 1-4　UI 设计师收入

◆ 1.5　UI 设计经典入门 10 条提示

下面是视觉客整理的有关 UI 设计师入门的 10 条提示与问答。

1. 什么人适合学习 UI 设计？

在校大学生与应届毕业生。需要技术作为进入互联网行业的敲门砖，学校里学到的知识不足，难以找工作，可以尝试往互联网 UI 设计师方向发展。

对设计感兴趣的爱好者，已经有一份工作的朋友，但是想多一项专业技能，为以后做准备。

不是互联网行业的想跨界转行，想转行却又苦于缺少经验、信息、技能，希望学习后能快速转入新行业，UI 设计相对来说更容易入行。

正在从事相关工作的初级 UI 设计师，因为行业需求不断变化，想提升职业发展空间，想在 UI 设计专业上得心应手。

正在大学攻读工业设计、产品设计、视觉传达、环境艺术、建筑学、心理学、计算机技术、多媒体制作等相关专业的学生。

2. 零基础是否适合学习 UI 设计？

零基础学习 UI 设计，要先从软件学起，再系统学习 UI 设计的理论知识，再到 UI 设计的大厂规范，最后需要进行实战磨炼，强化技能，了解 UI 工作流程，在职场上有一个精准定位。

3. UI 设计要学习哪些软件？

首先是 UI 视觉设计软件，如 Photoshop、Illustrator、Figma、Sketch 和 Adobe XD 等，这些是主流的 UI 设计软件，还有 C4D、Blender、AfterEffects 三维与动效软件，Axure、Xmind、Keynote、蓝湖和墨刀也是需要系统掌握的。

4. UI 设计需要掌握哪些技能？

UI 设计师需要掌握的技能，除了软件技能，还需要拓展以下内容。

1）熟练使用相关设计工具输出线框图、任务流程、产品原型。

2）规划产品交互设计方案，输出交互设计原型（交互说明文档）。

3）了解用户体验，掌握一定的用户调研、数据分析能力。

4）对产品进行可用性测试和评估，提出改进方案，持续优化。

5）文档撰写能力。

6）具备清晰的逻辑能力。

7）具备敏锐的产品洞察力。

8）心理学。

9）交互设计原则、不同平台的规范。

10）产品视觉感。

11）沟通能力。

12）保持良好的学习力。

5. UI 行业的一线城市的薪资情况

以北上广深为例，具体如图 1-5 所示。

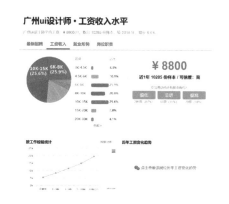

图 1-5　一线城市的 UI 设计师薪资情况

图 1-5　一线城市的 UI 设计师薪资情况（续）

6. 互联网行业需要怎样的设计师？

互联网行业需要的设计师应该至少具备以下 3 个基本素质。

1）品牌意识，提升品牌能力。

2）业务场景意识，保证产品可用性，为产品创造更多价值。

3）用户体验意识，保持产品持久力。

7. 阅读本书有哪些优势？

适合从事 UI 视觉设计、GUI 设计、平面设计、交互设计、用户体验等专业的读者阅读，也可以作为高等院校平面设计、网站设计、艺术设计、工业设计、游戏设计等相关专业的教辅图书及相关培训机构的参考图书，对汽车 HMI 设计感兴趣的同学也可以阅读。

8. UI 设计师在工作中的具体工作流程

明确产品设计 5 个阶段，分别如下。

第一，立项阶段。

一个项目在召开正式立项之后，就代表正式启动。

参与人员：项目经理、产品经理、设计师、开发、测试等项目组各环节关键成员。

第二，需求阶段。

主要梳理用户需求、商业需求、客户需求。

参与人员：产品经理、用户研究、交互设计师。

第三，设计阶段。

主要包含交互、视觉方案详细设计。

参与人员：交互设计师、视觉设计师。

第四，开发阶段。

实现产品的开发方案。

参与人员：开发技术人员、产品经理、项目经理。

第五，验证阶段。

检验产品质量，设计师进行设计走查，测试人员进行测试。

参与人员：测试人员、产品经理、设计师。

项目组各成员必须完全理解各阶段的目标，以及自身在各阶段的主要职责目标。

9. UI 设计师需要怎样的计算机配置，一定要使用苹果计算机吗？

UI 设计对计算机要求不是很严格，中端水平的 PC 配置即可。有人问为什么有的公司使用苹果计算机来设计 UI，主要问题是 Sketch 这款软件只能在苹果上使用。现在 Figma 成为主流的 UI 设计工具，而且有网页版，就不再强烈要求使用苹果计算机，当然苹果计算机的显示还是很专业的。

10. UI 设计师的求职简历需要哪些内容？

UI 设计师的简历需要具备新颖、潮流、逻辑好、产品属性、视觉美、学习力强等特点。

第一，要以用户体验为中心而设计。

事实上，用户体验设计包含了太多层面，如人机交互、视觉设计、版式设计、功能结构设计、页面切换设计等。

第二，有思维和设计逻辑能力。

设计也是一种逻辑，优秀的设计师可以通过设计思维正面影响别人。经调查研究，UI 设计师需要具备以下两种逻辑能力。

思维逻辑能力：决定了设计师工作沟通中的效率。无论是平面设计师还是视觉设计师，在面对用户各方面的需求时都要仔细分析，运用逻辑思维和语言能力，交出一份满意的"答卷"，这个说服过程便是思维逻辑能力。

设计逻辑能力：决定了作品的新意和灵性。简而言之，就是设计过程中的布局安排，如何让呈现的意图和内容能获取到更高的转化率，如何巧妙地结合用户的需求，这个表达的过程就是设计逻辑能力的体现。

第三，不断地学习和进步。

在不断变化的设计领域，唯有不断学习才能"吸取"最新技术的"养分"，不断成长才能保持自我和行业的竞争力。在简历和作品集上要突出一些新技术、新方向的内容，比如 B 端 UI 设计、数据可视化 UI 设计、汽车 HMI 设计，以及一些类似 Blendner、C4D、Unity 3D、Unreal Engine 的软件技术。

第

2

章

UI 设计发展史及未来

互联网与智能硬件的发展决定了 UI 的发展，毕竟 UI 设计是指人机交互的一种设计。本章主要讲解 UI 的风格演变、应用领域、5G 和人工智能带来的机遇，以及 UI 设计师的能力模型。

◆ 2.1 UI 设计的风格演变

因计算机和移动终端的性能、屏幕适配设计成本及大众审美的变迁，GUI 视觉风格也经过了多次变迁。

以计算机为载体的 UI 设计变迁如下。

第 1 阶段：1975—1985 年，风格偏黑白像素。

第 2 阶段：1985—1995 年，风格偏彩色像素。

第 3 阶段：1995—2008 年，风格偏水晶拟物。

第 4 阶段：2008—2013 年，风格偏 3D 立体水晶。

第 5 阶段：2013 年至今，风格偏扁平微质感，流畅的交互动效。

未来：以 3D 空间的 UI 设计为导向，全息立体与 VR/AR（虚拟现实 / 现实增强）应用领域的视觉呈现。

图 2-1 所示为以计算机为载体的 UI 设计发展史图例。

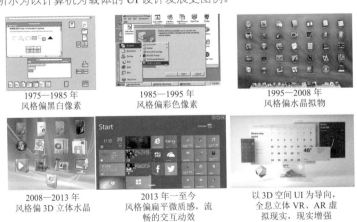

| 1975—1985 年 风格偏黑白像素 | 1985—2008 年 风格偏彩色像素 | 1995—2008 年 风格偏水晶拟物 |
| 2008—2013 年 风格偏 3D 立体水晶 | 2013 年一至今 风格偏扁平微质感，流畅的交互动效 | 以 3D 空间 UI 为导向，全息立体 VR、AR 虚拟现实，现实增强 |

图 2-1　以计算机为载体的 UI 设计发展史图例

以手机为载体的 UI 设计变迁如下。

第 1 阶段：1976—1998 年，风格偏黑白像素。

第 2 阶段：1998—2003 年，风格偏彩色像素。

第 3 阶段：2003—2007 年，风格偏 3D 立体水晶。

第 4 阶段：2008—2013 年，风格偏拟物质感。

第 5 阶段：2013—2017 年，风格偏扁平微质感，流畅的交互动效。

第 6 阶段：2017 至今，风格偏流体渐变风格。

未来：以 3D 空间 UI 为导向的，全息立体与 VR/AR（虚拟现实 / 现实增强）应用领域的视觉呈现。

图 2-2 所示为以手机为载体的 UI 设计发展史图例。

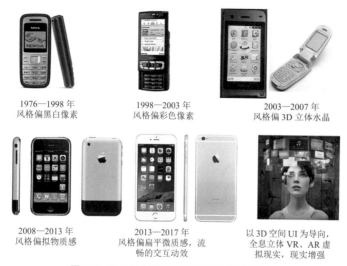

图 2-2　以手机为载体的 UI 设计发展史图例

◆ 2.2　UI 设计应用领域

UI 设计的应用领域非常广泛，包括但不限于以下几种。

软件开发行业：UI 设计师可以为各种软件应用程序、网站、游戏等进行设计，从而提升用户体验。

广告行业：UI 设计师可以为广告制作公司设计广告，包括横幅广告、海报、电子邮件广告等。

媒体行业：UI 设计师可以为各种媒体公司设计数字媒体，包括电子书、数字报纸和杂志、视频、音频等。

零售行业：UI 设计师可以为各种在线零售商设计电子商务网站，提升购物体验。

金融行业：UI 设计师可以为金融机构设计各种移动应用、网站和其他数字产品，以便客户更轻松地管理其账户和交易。

医疗行业：UI 设计师可以为医疗机构设计数字产品，如健康管理应用程序和电子健康档案，以便为患者更好地管理和跟踪他们的健康状况。

总之，UI 设计可以应用于各种行业的数字产品和服务，以提高用户体验，提高销售和客户忠诚度，提高效率和方便性。

可穿戴设备的 UI 设计，如图 2-3 所示。
智能家居显示屏的 UI 设计，如图 2-4 所示。

图 2-3 可穿戴设备的 UI 应用领域　　　　图 2-4 智能家居显示屏的 UI 应用领域

手机 App 的 UI 设计，如图 2-5 所示。
医疗器械的 UI 设计，如图 2-6 所示。

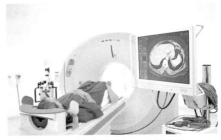

图 2-5 手机 App 的 UI 应用领域　　　　图 2-6 医疗器械的 UI 应用领域

PC 端软件的 UI 设计，如图 2-7 所示。
网页 Web 的 UI 设计，如图 2-8 所示。

图 2-7 PC 端软件的 UI 应用领域　　　　图 2-8 网页 Web 的应用领域

　　除了以上应用领域，还有游戏的 UI 设计、嵌入式设备的 UI 设计、虚拟现实设备的 UI 设计、增强现实设备的 UI 设计，交互式触摸的 UI 设计，各种家用电器的 UI 设计，飞机、轮船、汽车 HMI 设计，以及科技产品的 UI 设计。

◆ 2.3　UI 的未来——5G 和人工智能带来的机遇

　　5G/6G 通信时代和 AI 人工智能会给以下产业方向带来机遇。

移动硬盘、云盘、高清电视、8K 屏，高清视频内容提供方、VR/AR 类视频应用的 UI，如图 2-9 所示。

VR/AR 购物和物联网，如图 2-10 所示。

图 2-9　VR/AR 类视频应用的 UI　　　　　图 2-10　VR/AR 购物和物联网的 UI

语音控制家居、居家机器人、家庭娱乐系统的 UI，如图 2-11 所示。

随着通信基站、迷你微基站、手机硬件、芯片和电池、系统优化、柔性屏、云计算技术的发展，各种 UI 形态都会出现，汽车 HMI 设计的 UI 如图 2-12 所示。无人驾驶、无人送货、运输机器人、送货上门 App、仓储、营销、供应链等模式下也会有新的 UI 出现。

图 2-11　智能家居的 UI　　　　　　　　图 2-12　汽车 HMI 设计的 UI

工业互联网、云端制造、自动化机器人、3D 打印定制等情形下会有更多的 UI 新形势，如人脸识别的 UI 设计。

智能气象预测及 AR 表现的 UI 设计，如图 2-13 所示。

医药研发、基因排查、智能看护、远程问诊形态下的人工器官 UI 设计，如图 2-14 所示。

图 2-13　智能气象预测及 AR 表现的 UI 设计　　　图 2-14　远程问诊的 UI 设计

智能农业、无人机洒农药、立体农场；智能虚拟货币、区块链、版权申报、自动金融系统、投资风险分析、会计出纳；人工智能机器人、同声翻译棒、生活辅助系统（如盲人识图系统）等都需要新的 UI 设计。

◆ 2.4 设计师能力模型

很多初级 UI 设计师一直对能力模型陷入死胡同，所以需要详细说明。

多数设计师对于高级设计师的"幻想"都是在能力模型中可以达到满分或者基本满分的水平，比如图 2-15 所示的这种情况。UI 设计师的能力包括商业插画、移动端设计、管理界面设计、网页设计、产品思维、交互思维、项目管理、沟通协作、规范认识、审美品位、动效设计和运营视觉。

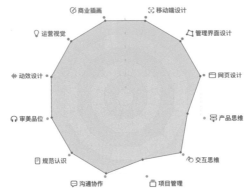

图 2-15　感性的 UI 设计师能力模型

客观地讲，全能 UI 设计师是不存在的，如果有谁在能力模型中都得到满分，那只有一种可能，就是把能力标准上限设置得太低。

术业有专攻，即使是在 UI 设计领域，也有不同的方向可以垂直发展。在初级阶段时，所处的小团队或者创业公司需要职员具备的能力维度较广，身兼数职，导致他们对职业发展的认识就是觉得需要全面化发展，才能迎合市场需要。这是所有没有在一线大公司工作过的设计师面临的最大问题，被低端工作环境中释放的错位信号所误导。

为了更好地让大家定位自己的能力级别，可以参考普通设计师的能力说明，如图 2-16 所示。

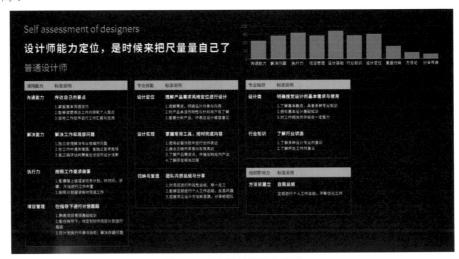

图 2-16　普通设计师能力说明

高级设计师能力说明，如图 2-17 所示。

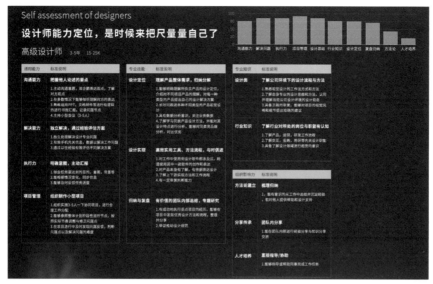

图 2-17　高级设计师能力说明

专家级设计师能力说明，如图 2-18 所示。

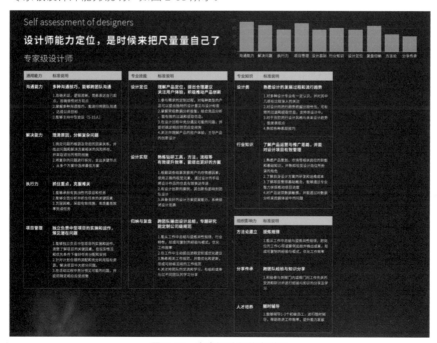

图 2-18　专家设计师能力说明

这时再来看一线大公司或优秀团队对中高级设计师的要求模型，会发现它们呈现出非常剧烈的高低起伏，而不是平均化，甚至不少能力的要求约等于无。图 2-19 所示为一线大公司对于设计师的需求。

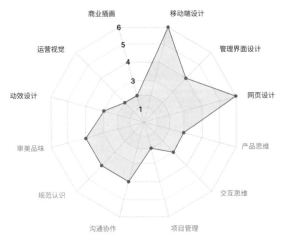

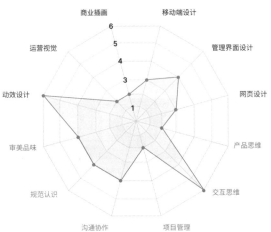

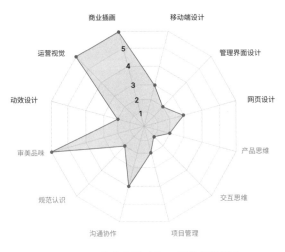

图 2-19　一线大公司对于 UI 设计师的需求

高级岗位所需的能力，需要花费足够的时间去学习和沉淀，即能力的成长曲线增长会越来越缓慢，所以一定要集中精力抓住主要能力。

图 2-20 所示为字节跳动的 UI 设计师岗位需求。

图 2-20　字节跳动的 UI 设计师岗位要求

对于 UI 设计师，可以肯定的是现在的 UI 设计师需求主要关注 B 端产品设计及交互、用户研究等技能，这在一线大公司的岗位中是非常普遍的，于是我们可以画出符合它的能力模型图，如图 2-21 所示。

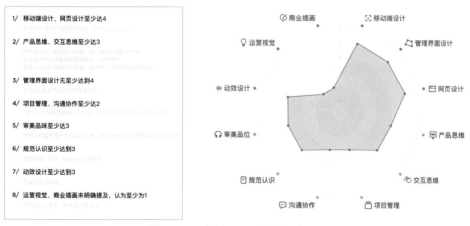

图 2-21　理性的 UI 设计师能力模型图

第3章

UI 设计软件及项目流程

在 UI 设计领域，有许多优秀的软件可供选择。其中对于优秀的 UI 设计来说，必须掌握的软件包括 Photoshop、Illustrator、Figma、After Effects、Blender 或者 C4D、蓝湖。当然，MasterGo、即时设计、Pixso、Sketch、Adobe XD、Axure RP、MinderManager 等工具也是必须掌握和了解的。

本章主要讲解 UI 设计软件 Photoshop、Illustrator、Figma 的学习捷径和 UI 项目流程。

◆ 3.1 Photoshop 学习捷径

可以扫码学习 Photoshop 在 UI 设计中的应用。UI 设计师要学习的 Photoshop 内容基本上包括以下几点。

1. 初识 Photoshop

Photoshop 主要处理以像素构成的数字图像。使用其众多的编辑与绘图工具，可以有效地进行图片编辑工作。Photoshop 有很多功能，在图像、图形、文字、视频、出版等各方面都有涉及。

2. 认识主界面与新建文件

包括 Photoshop 界面构成、快捷键、工作区的设置、面板功能等。

3. 文件的打开和存储

Photoshop 文件的打开与保存功能等。

4. 图层功能

Photoshop 图层的使用，在图层处右击可进行删除选中图层、新建、复制选中图层等操作等。

5. 面板功能

面板是 Photoshop 的主要功能之一。如果平常对 Illustrator 比较熟悉的话，那么可能知道怎么利用面板来改善设计操作。对于庞大的设计管理和输出多种文件，面板可以说是很有用的工具。

6. 移动工具

初学 Photoshop 的读者往往会忽略移动工具的强大功能。其实，移动工具不仅可以移动图层，还可以很方便地快速选定图层，调整图片大小、旋转图片等。

7. 选区与剪切

对于 Photoshop 软件来说，其实就是选择的艺术，选区的应用始终贯穿在设计之中。所谓剪切，就是在当前图层建立好选区范围后，从该图层中剪掉选区中的元素。

8. 画笔工具

画笔工具，顾名思义就是用来绘制图画的工具。画笔工具是手绘时最常用的工具，它可以用来上色、画线等。画笔工具画出的线条边缘比较柔和流畅，也可以用画笔工具绘制出各种漂亮的图案。

9. 钢笔工具

绘制直线、曲线、转折曲线，以及删除某段或者整个路径的操作，都是用钢笔工具来完成。想要用好钢笔工具并不难，主要是多练习。

10. 图层样式

那么什么是样式呢？可以说是图层风格。图层样式是一系列能够为图层添加各种各样特殊效果的样式，如浮雕、描边、内发光、渐变叠加、外发光、投影之类的效果。

11. 布尔运算

布尔运算在 Photoshop 作图方面是非常重要的，布尔运算实质上就是路径的操作，包括 4 种方式，分别是相加、相减、相交、反向相交。

12. 剪切蒙版

有时经常想要将漂亮的图片放进各种各样好看的不规则形状里，显得生动活泼、不呆板，排版时更是多用，其实用 Photoshop 的剪切蒙版来实现十分简单。

13. 图层蒙版

图层蒙版是在当前图层上面覆盖一层玻璃片，这种玻璃片有透明的、半透明的、完全不透明的，图层蒙版是 Photoshop 中一项十分重要的功能。

14. 文字工具

文字工具是最常使用的一个工具。

15. 变换工具

使用 Photoshop 中的自由变换工具，可以轻松调整图像的大小，变换图形的透视。

16. 色彩基础

认识 Photoshop 里基础的色彩知识、简介及色彩的产生，因为有光，所以见色，色彩是人对光线的感知信号。光源光有太阳、电灯等，反射光有月亮等。色彩模式主要有 RGB 模式、CMYK 模式等。

17. 图像调整

Photoshop 之所以是图像处理大师，就是因为它有强大的图像调整功能，包括色彩调整、滤镜特效调整等。

18. 智能滤镜

Photoshop 中的智能滤镜是一种应用于智能对象的滤镜，如果当前图层为智能对象，可直接对其应用滤镜，而不必将其转换为智能滤镜。

19. 绘制 UI 拟物图标

在 Photoshop 中绘制的 UI 拟物图标案例，如图 3-1 所示。

20. 绘制 UI 轻质感图标

在 Photoshop 中绘制的 UI 轻质感图标案例，如图 3-2 所示。

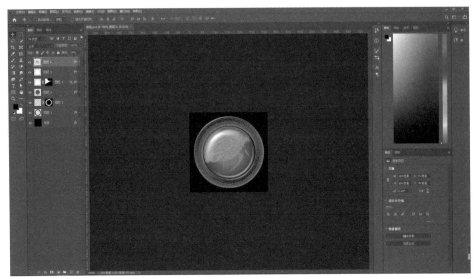

图 3-1　在 Photoshop 中绘制 UI 拟物图标

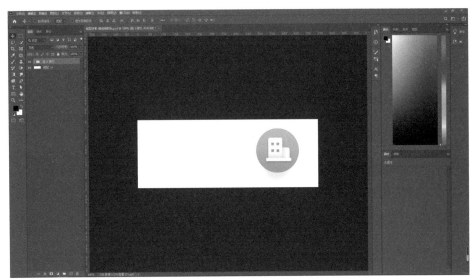

图 3-2　在 Photoshop 中绘制 UI 轻质感图标

◆ 3.2　Illustrator 学习捷径

可以扫码学习 Illustrator 在 UI 设计中的应用。UI 设计师要学习的 Illustrator 内容基本上包括以下几点。

1. 初识 Illustrator

Illustrator 主要处理以矢量所构成的数字图像。使用其众多的编修与绘图工具，可以有效地进行图片编辑工作。Illustrator 有很多功能，在图像、图形、文字、视频、出版等各方面都有涉及。

2. 认识主界面与新建文件

包括 Illustrator 界面构成、快捷键、工作区的设置、画板功能等。

3. 选择工具、直线工具和图层

在 Illustrator 中，选择工具、直线工具和图层都是非常重要的工具和概念。

选择工具：快捷键 V，用于选择单个或多个图层或对象。可以通过单击或拖动来选择多个图层或对象。在选择工具的选项栏中，可以选择"新选区""添加到选区"或"从选区中减去"来调整选择的范围。

直线工具：快捷键 \，用于绘制直线。在直线工具的选项栏中，可以选择直线的起点和终点，以及直线的颜色和粗细。

图层：在 Illustrator 中，图层是用于组织和管理图形元素的层次结构。每个图层都包含一个或多个对象，并且可以独立地移动、锁定、隐藏或合并。使用图层可以使图形更加易于编辑和组织。

4. 形状工具的使用

Illustrator 是一款广泛应用于平面设计、插画、排版等领域的软件。它提供了丰富的形状工具，可以让用户轻松地创建各种形状和图形。下面是一些关于 Illustrator 形状工具的使用方法。

矩形工具：矩形工具可以用来创建矩形和正方形。直接拖曳鼠标即可创建一个矩形，按住 Shift 键拖曳则可以创建一个正方形。

椭圆工具：椭圆工具可以用来创建椭圆形和圆形。直接拖曳鼠标即可创建一个椭圆形，按住 Shift 键拖曳则可以创建一个圆形。

多边形工具：多边形工具可以用来创建多边形。在工具栏中选择多边形工具后，在画布上单击并拖曳鼠标，即可创建一个多边形。可以在多边形工具的属性栏中设置多边形的边数。

星形工具：星形工具可以用来创建星形。在工具栏中选择星形工具后，在画布上点单并拖曳鼠标，即可创建一个星形。可以在星形工具的属性栏中设置星形的边数和大小。

光晕工具：光晕工具可以用来创建光晕效果。在工具栏中选择光晕工具后，在画布上单击并拖曳鼠标，即可创建一个光晕。可以在光晕工具的属性栏中设置光晕的大小、模糊度、透明度等参数。

路径查找器：路径查找器是 Adobe Illustrator 中的一个重要功能，它可以用来对形状进行各种操作，如合并、减去、交叉等。在菜单栏中选择"路径查找器"，即可打开"路径查找器"面板。

5. 钢笔工具

Illustrator 的钢笔工具是一个非常强大的工具，它允许用户通过单击和拖动鼠标来绘制各种形状和路径。以下是使用 Illustrator 钢笔工具的一些基本步骤。

1）打开 Illustrator 并创建一个新的文档。

2）在工具栏中选择"钢笔工具"（快捷键 P）。

3）在画布上单击以创建起点。

4）继续单击并拖动鼠标以创建曲线或直线。

5）释放鼠标以完成路径。

6）要创建闭合形状，只需将起点与终点对齐并单击鼠标。

7）创建完成后，可以调整锚点以更改路径的形状。

8）在画布上绘制完成后，可以保存路径并在其他文档中使用。

除了基本的钢笔工具，Illustrator 还提供了其他一些有用的工具，如"形状生成器工具"（快捷键 M）和"路径查找器工具"（快捷键 F6），这些工具可以帮助用户编辑和优化路径。

在使用钢笔工具时，有一些技巧可以帮助用户更好地控制路径的形状和线条。例如，在创建曲线时，可以使用方向线来调整曲线的弯曲程度和方向。此外，还可以使用锚点来控制路径的形状和方向。

总之，Illustrator 的钢笔工具是一个非常强大的工具，它可以帮助用户创建各种形状和路径。通过掌握一些基本的技巧和工具，可以轻松地使用钢笔工具来创建出高质量的图形作品。

6. 文字工具

在 Illustrator 中，有几种不同的文字工具可供使用。以下是关于 Illustrator 中文字工具的一些信息。

文字工具：最基本的文字工具，用于创建和编辑单行或单列文本。可以在画布上单击并输入文本，也可以通过拖动来创建多个字符的文本。

直排文字工具：用于创建竖排文本的工具。可以在画布上单击并输入竖排文本，也可以通过拖动来创建多个字符的竖排文本。

路径文字工具：用于在路径上创建文本的工具。首先，需要使用"钢笔工具"或"形状工具"创建一个路径。然后，选择路径文字工具并放在路径上，当出现"路径"二字时单击鼠标，可以在路径上输入文本。

在使用这些工具时，还可以通过选择"文字"菜单中的其他选项来编辑和格式化文本。例如，可以使用"字符"面板来更改字体、大小、颜色等属性，使用"段落"面板来更改文本的行距、段距等属性。

此外，还可以使用"对象"菜单中的"文本绕排"功能将文本环绕在其他图形元素周围。

7. 线弧线网格、雷达与描边属性

在 Illustrator 中，线弧线网格、雷达与描边属性是重要的绘图和编辑工具。以下是对这些属性的简要介绍。

线弧线网格：在 Illustrator 中，可以使用线弧线网格绘制复杂的形状和曲线。它允许用户通过创建线段和弧线来构建复杂的图形。可以调整线段和弧线的长度、角度、弯曲度等属性，以满足设计需求。

雷达：Illustrator 中的一个工具，用于创建具有相似形状的多个对象。它可以根据选择的第一个对象自动复制并调整其形状，以创建多个相似的对象。可以调整雷达工具中的各种参数，以控制复制对象的形状、大小和间距等属性。

描边属性：描边属性是 Illustrator 中用于设置图形边缘的属性。可以更改描边的颜色、宽度、样式等属性，以使图形更加生动和有吸引力。可以对单个对象或图层应用描边属性，也可以在画板上的多个对象上应用统一的描边属性。

总之，线弧线网格、雷达和描边属性都是 Illustrator 中强大的工具，可以帮助用户创建出更加精美和专业的图形作品。

8. 画笔工具

Illustrator 的画笔工具是用于创建和编辑矢量图形的强大工具。以下是关于如何使用 Illustrator 的画笔工具的一些基本步骤。

1）打开 Illustrator 并创建一个新的文档。

2）在顶部菜单栏中选择"画笔工具"（快捷键 B）。

3）在画笔工具的选项栏中，可以选择不同的画笔类型，包括线条、形状、艺术等。

4）在画布上单击并拖曳鼠标，以创建所需的形状或线条。

5）如果想更改画笔的颜色、大小或其他属性，可以在画笔工具的选项栏中进行调整。

6）如果想编辑已经创建的路径，可以使用直接选择工具（快捷键 A）选中路径，然后进行编辑。

7）如果想更改整个图形的颜色或样式，可以使用"对象"菜单中的"图层"命令来更改图层的颜色或样式。

8）完成绘制后，可以选择"文件"菜单中的"保存"命令来保存作品。

以上是使用 Illustrator 的画笔工具的基本步骤。当然，还有很多高级技巧和功能可以探索，如使用不同的画笔库、创建自定义画笔等。

9. 橡皮擦、美工刀、剪刀工具

在 Illustrator 中，橡皮擦、美工刀和剪刀是常用的工具，用于编辑和处理矢量图形。

橡皮擦工具：用于擦除图形的一部分。选择橡皮擦工具后，将鼠标光标移到图形上，单击并拖动鼠标，即可擦除鼠标光标经过的路径部分。注意，橡皮擦工具只会影响路径的轮廓线，而不会影响填充色。

美工刀工具：用于切割路径。选择美工刀工具后，将鼠标光标移到路径上，单击并拖动鼠标，即可将路径切割成两部分。切割后的路径会自动变为闭合状态。

剪刀工具：用于剪切路径。选择剪刀工具后，将鼠标光标移到路径上，单击并拖动鼠标，即可将路径剪开。剪刀工具只能剪开直线或曲线路径的一部分，而不能完全剪断路径。

10. 旋转、比例、镜像和斜切

在 Illustrator 中，可以轻松地执行旋转、缩放、镜像和斜切操作。以下是具体的操作步骤。

旋转：选择想要旋转的对象；执行"对象 / 变换 / 旋转"命令；在弹出的"旋转"对话框中可以设置旋转的中心点、角度和次数；如果想要围绕特定的参考点旋转，按住 Alt 键然后在画布上单击想要的参考点。

比例：选择想要缩放的对象；执行"对象 / 变换 / 缩放"命令；在弹出的"缩放"对话框中可以设置缩放的比例因子；还可以通过拖动对象的控制点来直接缩放，当选中对象并拖动其控制点时，按住 Shift 键可以约束对象在宽度和高度上的缩放比例。

镜像：选择想要镜像的对象；执行"对象 / 变换 / 镜像"命令；在弹出的"镜像"对话框中可以选择镜像的轴（水平或垂直）；如果想要以对象的中心点为轴进行镜像，请选择"中心点"选项。

斜切：选择想要斜切的对象；执行"编辑 / 自由变换"命令；在自由变换工具中，将光标放到对象的边上，当出现十字形箭头时，按住鼠标并拖曳以实现斜切效果；如果要保持原高度不变，拖曳时按住 Shift 键即可。

11. 宽度与异性类变形

在 Illustrator 中，可以使用"宽度工具"和"变形工具"对形状进行变形和调整。

"宽度工具"允许调整直线或形状的宽度。要使用此工具，请选择"宽度工具"，然后将鼠标光标移入直线的路径，调整出想要的宽度后，扩展成为形状。

"变形工具"则允许对形状进行各种变形操作。例如，可以画一个矩形，然后选中变形工具，去蹭矩形的边缘，可向内或向外。此外，执行"效果 / 变形"命令，其中包含很多特殊的变形效果，如矩形的变形、圆形的变形等。

12. 自由变换、操控变形

在 Illustrator 中，自由变换和操控变形是两个常用的工具，用于对图稿进行变形和变换操作。

自由变换工具允许用户自由地扭曲、旋转、缩放和倾斜图稿。要使用自由变换工具，首先选择要变换的图稿，然后按 Ctrl+T 组合键进入自由变换模式。在自由变换模式下，可以通过拖动定界框的角和边来对图稿进行变形。

操控变形工具则提供了更多的控制选项，能够更精确地控制图稿的变形。通过操控变形工具，可以添加、移动和旋转图钉，以便无缝地将图稿变换为各种变体。要使用操控变形工具，首先选择要变形的图稿，然后在工具栏中选择"操控变形"工具。默认情况下，Illustrator 可找出其中适合变换图稿的区域并自动添加图钉。可以通过单击图稿来添加更多图钉，并通过拖动图钉来变换内容。相邻的图钉使附近的区域保持不变。

总的来说，自由变换和操控变形都是非常强大的工具，能够帮助用户对图稿进行各种变形操作。

13. 形状生成

在 Illustrator 中，形状生成器工具可以帮助用户将多个形状组合成一个新的形状。以下是使用形状生成器工具的一些基本步骤。

1）打开 Illustrator，并打开想要编辑的文件。

2）在工具箱中选择"形状生成器工具"，或者按 Shift+M 组合键。

3）在画布上选择想要合并的多个形状。可以通过单击并拖动鼠标来选择多个形状。

4）释放鼠标，形状生成器工具自动将选择的形状合并成一个新的形状。

在合并形状时，可以选择"相加"或"相减"选项。如果选择了"相减"选项，则选择的形状将被减去。

14. 网格工具

Illustrator 中的网格工具可以帮助用户在创建和编辑图形时提供辅助线，以帮助对齐和定位对象。

15. 渐变与透明度

在 Illustrator 中，可以使用渐变和透明度来创建各种视觉效果。以下是一些关于如何在 Illustrator 中使用渐变和透明度的基本步骤。

创建渐变：选择想要填充的对象；单击具栏中的"渐变"工具，或者按 G 键选择渐变工具；在画板上单击并拖动以创建渐变；可以在两个不同的位置单击以定义渐变的起点和终点；调整渐变滑块以改变颜色和透明度；可以添加更多的滑块来创建更复杂的渐变效果。

应用透明度：选择想要应用透明度的对象；在右侧的"透明度"面板中，可以看到一个"不透明度"滑块，可以通过移动滑块来改变对象的透明度；如果想要创建一个带有渐变透明度的对象，可以在"透明度"面板中选择"渐变"选项，然后调整渐变滑块以定义透明度和不透明度。

创建透明蒙版：选择想要创建透明蒙版的对象；单击"透明度"面板右边的三角形，选择"建立不透明蒙版"；这将创建一个新的对象，该对象的形状与原始对象相同，但颜色和透明度可以独立调整。

调整透明蒙版：选择透明蒙版对象；在"透明度"面板中，可以通过调整不透明度滑块来改变蒙版的透明度；还可以使用渐变工具来创建渐变蒙版，以在蒙版上应用渐变效果。

保存和导出带有透明度的文件：当在 Illustrator 中创建带有透明度的文件时，记得保存文件为 PNG 或 SVG 格式，因为这些格式支持透明度；如果想要将文件导出为其他格式（如 JPEG 或 TIFF），需要确保透明度区域不会被填充为白色或其他颜色。可以通过执行"文件 / 导出"命令，在弹出的对话框中选择"透明"选项来导出带有透明度的文件。

16. 混合工具

Illustrator 中的混合工具允许将两个或多个对象混合在一起，以创建一种平滑的过渡效果。混合工具可以应用于颜色、效果、填色和描边等外观属性。

要使用混合工具，请按照以下步骤操作。

1）选择需要混合的对象。可以通过单击并拖动鼠标来选择一个或多个对象。

2）在左侧工具栏中，找到混合工具（Blend Tool），它通常位于工具栏的底部。

3）双击混合工具调出属性栏。在属性栏中，可以选择设置混合的方式，如平滑颜色、指定步数或指定距离。

4）选择平滑颜色选项，将自动计算混合的步骤数。

5）或者选择指定步数或指定距离选项，在相应的设置栏中调整所需的数值。

6）确定后，将在画布中看到两个对象之间的混合效果。

混合轴连接着混合对象间的路径，可以通过相关路径工具进行编辑。还可以绘制新路径替换混合轴。框选对象和路径，然后执行"对象 / 混合 / 替换混合轴"命令即可。

此外，还可以使用混合工具来制作文字的混合效果。选择两个文字对象，然后按 Ctrl+Alt+B 组合键进行混合。在弹出的混合选项菜单中，可以选择不同的间距设置来调整混合效果。

17. 喷枪工具

在 Illustrator 中，喷枪工具是一种用于创建柔和、模糊边缘的画笔工具。它模拟了喷枪的效果，可以产生柔和的渐变效果和柔和的边缘。

18. 画板和吸管

在 Illustrator 中，画板和吸管工具是两个非常有用的功能。

画板是一个用于绘制和编辑图形的区域。可以在画板上创建多个画板，以便在同一个文档中组织和编辑多个图形。吸管工具允许从现有图形中吸取颜色、描边和渐变等属性。

19. 布尔运算

Illustrator 的布尔运算是一种将两个或多个形状组合在一起，创造出新形状的技术。它通过一系列的逻辑操作，包括并集、交集、差集和排除，将不同的形状组合在一起，创造出更加复杂的形状和图案。这种技术可以在各种设计中使用，如标志、图标、海报、包装等。

20. 图层样式

在 Illustrator 中，图层样式是用于增强和装饰图层的一个重要工具。它们可以应用于各种对象，如文本、形状和图像，以增加深度、视觉效果和吸引力。

以下是使用 Illustrator 图层样式的一些基本步骤。

1）打开 Illustrator 并创建一个新文档。

2）在新文档中选择要应用图层样式的对象，可以是文本、形状或图像等。

3）在菜单栏中选择"效果"菜单。

4）在"效果"子菜单中选择"风格化"命令。

5）在"风格化"子菜单中可以选择不同的图层样式。例如，"投影"是一种可以为对象添加阴影效果的样式，"内发光"可以让对象内部发光，"外发光"可以让对象外部发光等。

6）选择一个图层样式后，会弹出一个相应的设置面板，在这个面板中可以调整各种参数，以控制该图层样式的外观和效果。

7）调整完参数后，单击"确定"按钮应用图层样式。

如果想隐藏或取消样式，可以在"窗口"菜单中选择"外观"命令，打开"外观"窗口。在这个窗口中，可以找到样式名称（如"投影"），前面的眼睛代表隐藏/显示，右下角的垃圾桶图标代表删除。双击投影还可以再次打开设置面板进行调整。

21. 标准化 LOGO 图标制作

下面是在 Illustrator 中绘制的 LOGO 图标案例，如图 3-3 所示。

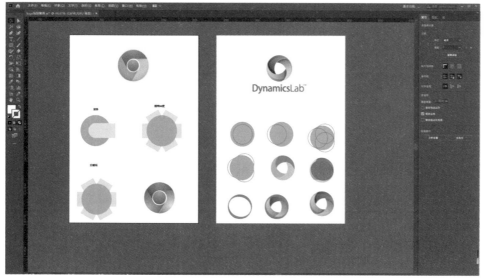

图 3-3　在 Illustrator 中绘制标准 LOGO 图标

22. 3D 立体字制作

下面是在 Illustrator 中绘制的 3D 立体字制作案例，如图 3-4 所示。

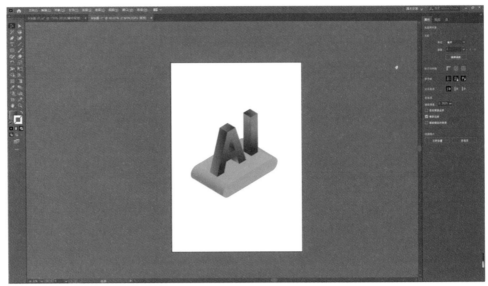

图 3-4　在 Illustrator 中进行 3D 立体字制作

23. UI 质感图标制作

下面是在 Illustrator 中完成的 UI 质感图标制作案例，如图 3-5 所示。

图 3-5　在 Illustrator 中完成的 UI 质感图标制作案例

24. 海报制作

下面是在 Illustrator 中完成的海报制作案例，如图 3-6 所示。

图 3-6　在 Illustrator 中完成的海报制作案例

◆ 3.3　Figma 学习捷径

UI 设计师要学习的 Figma 内容基本上包括以下几点。

1. Figma 基础操作

包括了解 Figma 的基本概念和界面布局，如何创建和保存文件，如何使用不同的面板和图层，如何使用基本的形状工具和线条工具，如何调整形状的属性（如颜色、描边、透明度等）和组织图层，以及如何使用参考线和网格来对齐元素。

2. Figma 高级技巧

包括如何使用 Figma 的布尔运算（如合并、减去、交叉等）来创建复杂的形状，如何使用路径和锚点来编辑形状，如何使用渐变、纹理和图案来填充形状，如何使用 Figma 的插件生态（包括如何安装、使用和管理插件），如何与其他用户实时协作及如何管理团队和项目。

3. Figma 完成一个页面设计

下面是在 Figma 中完成的 UI 页面设计，如图 3-7 所示。

如果需要更多有关 UI 设计软件的教学，可以联系售后。

图 3-7　在 Figma 中完成的 UI 页面设计

◆ 3.4　UI 项目资源管理

对于较大的 UI 设计项目，特别是上百个页面、上千个页面的 UI 设计项目，就需要可续的 UI 项目资管理。UI 项目资源管理流程如图 3-8 和图 3-9 所示。

图 3-8　UI 项目资源管理 1

图 3-9　UI 项目资源管理 2

目前，所有的 UI 设计师的内容都会上传到第三方服务平台上，如蓝湖 https://lanhuapp. com。

◆ 3.5　产品开发项目流程

正常的互联网产品研发分为 5 个阶段，如图 3-10 ～图 3-14 所示。

图 3-10　互联网产品调研阶段

图 3-11　互联网产品数据分析阶段

图 3-12　互联网产品设计阶段

图 3-13　互联网产品开发阶段

1）产品调研阶段。
2）数据分析阶段。
3）产品设计阶段。
4）产品开发阶段。
5）上线运营阶段。

图 3-14　互联网产品上线运营阶段

第4章

UI 设计的 20 个通用原则

本章主要讲解 UI 设计的 20 个通用原则，UI 设计的通用原则总结下来有以下 20 条。

1. 明确用户群

在 UI 设计中，明确用户群是非常重要的。不同阶层、不同年龄的用户在使用不同产品时都有相对的风格偏好，所以必须有针对性地进行设计。

可以通过用户调研来了解用户群体的特点，包括用户画像、用户体验地图、故事板等，这些都可以作为设计时的参考和依据。

2. 界面要清晰，简洁明了

清晰度是界面设计中的第一步，也是最重要的工作，要让用户第一眼就能识别出图标和控件的功能。让用户使用它时，能预料到将发生什么，并与之交互完成自己的操作任务。另外，界面中使用的图片也要清晰不变形，背景元素不要干扰阻挡功能。

一个清晰、简洁明了的 UI 界面对于用户体验来说非常重要。以下是一些设计原则，可以帮助读者创建这样的界面。

保持一致性：在设计 UI 时，保持一致的风格和设计语言，以便用户能够轻松地理解和操作。

简化界面：尽量减少界面上的元素和复杂性，突出最重要的信息。使用图标、标签和颜色来传达信息，但不要过度使用。

清晰的布局：使用网格或模块化布局来组织界面，使其具有层次感，易于阅读。

字体和颜色：选择易于阅读的字体和对比度高的颜色，以确保信息清晰易读。

明确的操作流程：通过使用明确的操作流程和导航菜单，使用户能够轻松地完成任务或找到所需的信息。

响应式设计：确保 UI 在不同的设备和屏幕尺寸上都能良好地呈现和使用。

情感化设计：使用符合用户期望和品牌形象的色彩、图标和插图来增强用户体验。

反馈和提示：提供必要的反馈和提示，以帮助用户更好地理解和完成任务。

适应性和个性化：根据用户的需求和偏好提供适应性和个性化功能，以提高用户体验。

测试和优化：在 UI 开发过程中定期进行测试和优化，以确保界面在各种情况下都能良好地运行和工作。

通过遵循这些原则，可以创建一个清晰、简洁明了的 UI 界面，提高用户体验并增强品牌形象。

3. 交互性

人机交互就是指人与机器的交流与互动。优秀的界面能够让用户高效地完成操作和任务，减少出错率，增加易用性。优秀的界面应符合人类的现实世界的操作逻辑，以减少用户的学习成本。UI 交互性是指用户与界面之间的互动和交流，以及用户对界面操作的效率和舒适度。UI 交互性包括以下几个方面。

易用性：界面应该易于使用，避免复杂和烦琐的操作，减少用户的学习成本和操作难度。

反馈性：界面应该提供及时、准确、有用的反馈，让用户知道自己的操作是否成功，以及如何进行下一步操作。

一致性：界面应该保持一致性，避免用户在不同页面或不同功能之间反复适应不同的操作方式或规则。

容错性：界面应该具备容错性，避免用户因误操作而无法完成目标操作。

交互效果：界面应该具备一定的交互效果，如动画效果、音效等，以提高用户的操作体验和趣味性。

在 UI 设计中，交互性的实现需要考虑用户的需求和习惯，以及产品的功能和特点，以提高产品的易用性和用户体验。

4. 保持用户的注意力

在进行界面设计时，能够吸引用户的注意力是很关键的，因此千万不要将重要功能的周围设计得乱七八糟，分散用户的注意力。谨记屏幕整洁能够吸引注意力的重要性。

在 UI 设计中，保持用户的注意力非常重要。以下是一些设计策略，可以吸引并保持用户的注意力。

明确设计目标：首先，需要明确设计目标。想要用户做什么？了解这一点以后可以更好地组织设计元素，并使重点更加突出。

使用吸引人的色彩：色彩可以有效地吸引用户的注意力。使用鲜艳、对比强烈的颜色可以突出重要的元素。不过，也要注意不要过度使用，以免过于混乱。

利用对比：对比可以增加视觉冲击力。可以通过字体大小、颜色、形状、位置等来制造对比。

引导用户的视线：通过使用箭头、线条、形状等来引导用户的视线。这样可以帮助他们更好地理解信息层次结构。

保持一致性：一致性的设计可以让用户感到舒适，并更容易理解信息。包括颜色、字体、形状、布局等的一致性。

提供清晰的层次结构：在设计时，要确保信息的层次结构清晰。最重要的信息应该最显眼，次要的信息应该稍微隐蔽一些。

使用动画和过渡：适当的动画和过渡效果可以使设计更加生动和有趣。但是，注意不要过度使用，以免分散用户的注意力。

优化移动端体验：随着移动设备使用的普及，优化移动端的 UI 设计变得非常重要。确保自己的设计在各种设备上都能正常工作，并保持一致性。

测试和迭代：最后，不断地测试你的设计，并根据反馈进行迭代。这样可以更好地理解用户的需求，并优化设计。

通过以上策略，可以创建一个吸引人且易于使用的 UI 设计，从而保持用户的注意力。

5. 让用户掌控界面

保证界面处在用户的掌控之中，让用户自己决定系统状态，功能区分合理，适当提示引导，在进行破坏性操作前给予用户提示，让用户可以随意地在可操作范围内前进或返回，并随时告知用户所在位置。

UI 设计，即用户界面设计，旨在创造一个用户友好的界面，让用户能够轻松、愉快地使用产品或服务。在 UI 设计中，让用户掌控界面是一个重要的原则。下面将探讨如何通过以下几个方面实现这一原则。

（1）明确用户需求

首先，要了解用户的需求和习惯。通过市场调研、用户访谈和数据分析等方法，收集关于用户的信息，从而确定用户对界面设计的需求和期望。这样，设计师可以更好地从用户的角度出发，设计出符合用户习惯和喜好的界面。

（2）简化操作流程

在设计界面时，尽量简化操作流程，避免冗余的步骤。每个界面都应清晰明了，让用户一目了然。设计师可以通过对操作流程的优化和精简，降低用户的使用门槛，提高用户的使用效率。

（3）提供明确的反馈

界面设计应提供及时的反馈，让用户明确了解自己的操作结果。例如，当用户单击一个按钮时，界面应给出相应的反馈，如弹出一个对话框或显示一个新的页面。这样可以增强用户的掌控感，提高用户体验。

（4）适应不同设备

随着移动设备的普及，设计师需要考虑在不同设备上的用户体验。针对不同设备，可以设计不同的界面布局和交互方式，以满足用户在各种场景下的需求。

（5）持续优化迭代

UI 设计是一个持续优化迭代的过程。设计师需要关注用户的反馈，根据用户的意见和建议对界面进行改进。只有不断地优化和改进，才能让用户对界面更加满意，从而提高产品的使用率和满意度。

总之，让用户掌控界面是 UI 设计的重要原则。设计师需要通过明确用户需求、简化操作流程、提供明确的反馈、适应不同设备和持续优化迭代等来实现这一原则，从而提高用户体验和产品的竞争力。

6. 每个屏幕需要一个主题

我们设计的每一个画面都应该有一个重要的主题，这样不仅能够让用户使用到它真正的价值，上手也很容易，使用起来也更方便。如果一个页面上非要有多个焦点，可以使用激活焦点、屏蔽其他焦点的方法。

在 UI 设计中，为每个屏幕设置一个主题是一个很好的做法，可以提高用户体验的一致性和连贯性。通过为每个屏幕或页面设置一个明确的主题，可以确保用户在浏览不同的屏幕时，能够清楚地了解它们所在的位置及所访问的内容的相关性。

设置主题可以涉及以下几个方面。

色彩搭配：每个主题都可以使用特定的色彩搭配，以在视觉上区分不同的屏幕。确保色彩搭配符合品牌形象或设计风格，并在整个应用程序中保持一致。

图标和图形：使用与主题相关的图标和图形可以增加视觉效果并提高用户识别。包括与屏幕内容相关的插图、图标或照片。

布局和排版：考虑每个屏幕的布局和排版，使其与整体设计风格相一致。确保屏幕元素（如按钮、表单和导航栏）的位置和样式在整个应用程序中保持一致，以帮助用户更好地导航和理解内容。

背景和主题色：选择一个与主题相关的背景颜色或图片，以增强视觉效果。主题色可以用于强调特定元素或提供视觉线索，帮助用户更好地理解屏幕内容。

响应式设计：确保 UI 设计在不同的设备和屏幕尺寸上是响应式的。这意味着屏幕布局应适应不同的屏幕尺寸和设备类型，以确保最佳的用户体验。

文字内容：确保与每个主题相关的文本内容与整体设计风格相协调。文本内容可以包括标题、描述和提示信息，应简洁明了，易于理解。

品牌一致性：确保 UI 设计在色彩、风格和语言方面与品牌形象保持一致。这将有助于强化品牌形象，并提供一致的用户体验。

总之，为每个屏幕设置一个明确的主题是 UI 设计中一个很重要的方面。通过仔细考虑色彩搭配、图形、布局和排版等因素，可以创建一致、吸引人的用户体验，并提高用户对整体品牌的认知度。

7. 区分元素及事件和动作的主次

使用尺寸、距离、颜色、表现形式、对比等手法，区分界面元素的信息层级，让主要元素醒目。用适当的图形语言提示可操作激发的事件，在完成主要动作后，再激发后续的次要动作流程。

在 UI 设计中，区分元素及事件和动作的主次是非常重要的。主次关系可以帮助用户更好地理解和操作界面，同时也能提升用户体验。以下是一些区分元素及事件和动作主次的方法。

视觉层次结构：通过调整元素的大小、颜色、字体、位置等视觉属性来区分它们的主次关系。重要的元素应该更大、更显眼，而次要的元素应该更小、更低调。

操作优先级：用户通常需要完成一系列的操作才能完成某项任务，因此应该根据操作优先级来安排 UI 元素。重要的操作应该更容易被用户发现并使用，而次要的操作应该更隐蔽或者只有在特定情况下才会出现。

交互设计：通过设计交互方式来区分元素及事件和动作的主次。例如，在移动应用中，通过单击一个按钮来执行一个动作，那么这个按钮就是主要元素，而其他的 UI 元素则是次要元素。

信息层级结构：在 UI 设计中，信息层级结构是表达元素及事件和动作的主次关系的重要方式之一。主要信息应该更突出、更醒目，而次要信息应该更隐蔽、更平淡。

引导用户注意力：通过引导用户的注意力来区分元素及事件和动作的主次。例如，通过突出显示某个元素或者使用不同的颜色和字体来引导用户关注某个重要信息。

总之，在 UI 设计中区分元素及事件和动作的主次需要综合考虑视觉、操作、交互、信息层级结构和用户注意力等因素，从而设计出符合用户需求和期望的优秀的用户体验界面。

8. 自然过渡及跳转

界面的切换交互都是环环相扣的，所以在进行设计时，页面之间的互相跳转要自然合理、有趣味，符合用户的心理认知；对还未操作完毕的流程，需要提示进度、完成度、等待动画提示等，不要让用户不知所措，给其自然而然继续下去的方法，以达成操作任务目标。

在 UI 设计中，自然过渡及跳转是用户体验中一个非常重要的部分。以下是一些关于如何实现自然过渡及跳转的建议。

（1）自然过渡

结合透明度的淡入淡出：这是一个非常有效的动效原则。例如，当从界面当前屏过渡到下一个屏时，可以通过淡出不相关的 UI 元素，并让下一屏元素淡入，来提供简洁且清晰的呈现效果。

缩放效果：缩放可以为界面增加活力。例如，当用户进行操作时，可以使用缩放效果来突出显示某个元素或信息。

保持方向的一致性：在设计界面时，保持方向的一致性可以让用户更容易理解并预测界面的行为。例如，如果用户在界面上向左滑动来翻页，那么下一页应该出现在左边。

平衡动效速度：动效速度应该平衡且流畅，既不能过于缓慢也不能过于快速。适当的动效速度可以提供更好的用户体验。

（2）跳转

确定优先级顺序和分组：在设计跳转流程时，应该确定每个步骤的优先级顺序，并将相关的步骤分组在一起。这样可以帮助用户更好地理解操作流程。

建立空间关系属性：在跳转过程中，可以通过建立空间关系属性来帮助用户更好地理解界面的层次结构和跳转关系。例如，可以通过使用叠加效果来显示不同屏幕之间的关系。

提供操作反馈：在跳转过程中，应该提供操作反馈，例如，通过加载动画或声音效果，来告知用户操作是否成功。

优化加载速度：为了实现更自然的跳转，应该优化加载速度，减少等待时间，让用户无须长时间等待就能获得结果。

总之，通过合理地运用这些原则，可以在 UI 设计中实现更自然、更流畅的过渡和跳转效果，提高用户体验。

9. 符合用户期望

人总是对符合期望的行为感到舒适，因此在用户操作后应当给予其相应的反馈。在设计时也应该遵循用户认知去设计元素，比如它看起来像个按钮，就要具有按钮的功能。需要等待的界面，也需要提供进度和 Loading，而不是没有反馈。

UI 设计需要符合用户的期望，以便用户能够轻松地使用应用程序或网站。以下是几个建议，以帮助您设计符合用户期望的 UI。

用户研究：在开始设计之前，了解目标用户的需求、偏好和行为是非常重要的。通过用户研究，可以确定用户的需求和期望，并为设计提供指导。

明确的布局：使用清晰的布局来组织页面和元素，并确保信息层次结构正确。使用易于理解的、直观的导航和菜单结构，使用户可以轻松地找到所需的功能和信息。

直观的视觉元素：使用颜色、字体、图标、图像等视觉元素来吸引用户的注意力并传达信息。确保视觉元素与内容相关且易于理解，以帮助用户更好地理解界面。

简单的交互：设计简单直观的交互方式，使用户可以轻松地完成任务或操作。避免使用过于复杂或混乱的交互设计，以确保用户能够轻松地使用应用程序或网站。

反馈和提示：提供必要的反馈和提示，以帮助用户更好地理解界面和操作。例如，当用户进行操作时，显示确认消息或提示，以向用户确认操作的结果。

适应性和响应式设计：确保 UI 在不同的设备和屏幕尺寸上表现良好。设计和实施响应式布局，以适应不同的屏幕尺寸和设备类型，并提供一致的用户体验。

测试和迭代：在设计和开发过程中，定期进行用户测试和评估，以了解用户对 UI 的反馈和满意度。根据测试结果进行迭代和改进，以确保 UI 符合用户的期望并提供良好的用户体验。

通过遵循这些建议，可以设计出符合用户期望的 UI，并提供出色的用户体验。

10. 强烈的视觉层次感

如果要让屏幕的视觉元素具有清晰的浏览次序，那么应该通过强烈的视觉层次感来实现。明确视觉层级，考虑每一个元素的视觉重量，比如重要的信息文字需要放大、清晰、高亮显示，不重要的元素需要缩小、弱化显示。视觉层次感不明显的话，用户不知道哪里才是目光应当停留的重点，页面显得没有逻辑，用户不知道阅读界面的顺序。

在 UI 设计中，强烈的视觉层次感是非常重要的，它能够使界面更加有秩序，更能吸引用户的注意力，并引导用户的视线。以下是一些创建强烈视觉层次感的方法。

利用色彩：色彩可以有效地创建视觉层次结构。通常，深色或暗色会被视为比亮色或浅色更重要，因此可以使用色彩来突出显示界面中的重要元素。

字体和文字排版：字体和文字排版也可以帮助创建视觉层次感。大字体和粗体字通常会比小字体和斜体字更重要。此外，文字的行距、大小和颜色也可以用来区分重要性和层次。

图像和图标：图像和图标通常会比文本更重要。因此，可以使用图像和图标来突出显示界面中的关键信息。

空白和负空间：空白和负空间可以用来分隔元素，并使它们更加突出。通过控制元素之间的空白，可以强调某些元素并使它们看起来更重要。

对比度：对比度可以用来突出显示两个元素之间的差异。通过使用高对比度的颜色或字体，可以将用户的注意力集中在特定的元素上。

动画和过渡：动画和过渡可以用来增强视觉效果，并突出显示界面的关键元素。例如，可以使用渐变效果、缩放或旋转来吸引用户的注意力。

品牌识别：品牌识别元素，如公司标志或特定的颜色方案，可以在界面中创建强烈的视觉层次感。这些元素可以用来突出显示品牌身份，并帮助用户更好地识别和记住品牌。

总之，通过仔细考虑色彩、字体、图像、空白、对比度、动画和品牌识别等因素，可以在 UI 设计中创建强烈的视觉层次感。这将有助于提高用户体验，使用户更容易理解和使用界面。

11. 减轻用户的认知压力

恰当地处理视觉元素能够化繁为简，帮助用户更加快速、简单地理解界面功能。使用方位、间距和功能相似性分组来组织界面功能元素，使用户可以通过联想和识别来确定功能，减轻用户认知记忆负担，不用多琢磨元素间的关系。

UI 设计可以通过以下几种方式来减轻用户的认知压力。

简化界面元素：减少界面上的元素数量，使界面看起来更加简洁明了。去除不必要的元素，可以减少用户的认知负荷，让他们更容易专注于重要的信息。

明晰的视觉层次结构：通过合理的布局和排列，建立清晰的视觉层次结构。将信息按照重要性进行排序，让用户在第一时间就能获取到关键信息。

直观的图标和符号：使用直观的图标和符号来代替文字，可以加速用户对界面的理解。图标和符号通常更容易识别，能够直接传达信息，减少用户的认知负担。

一致性设计：在整个应用或网站中保持一致的设计风格和色彩搭配，让用户在切换不同页面时能够轻松适应。一致性设计有助于用户更好地理解和记忆界面元素。

适应性和个性化：根据用户的需求和偏好进行适应性设计和个性化定制，可以提高界面的易用性。例如，为不同的用户角色提供不同的操作流程和功能模块，让用户感受到界面的友好性。

减少操作步骤：优化交互流程，减少不必要的操作步骤，可以降低用户的认知负荷。通过智能化的设计，让应用或网站能够自动适应用户的操作习惯和需求。

清晰的文字说明：在界面上添加简明扼要的文字说明，可以辅助用户理解界面功能和操作步骤。文字说明应该简洁明了，避免使用过于复杂的词汇和表述方式。

色彩心理学：合理运用色彩心理学原理，选择适合的颜色搭配来表达不同的信息和功能。色彩可以影响用户的情绪和认知，利用色彩心理学可以让界面更具吸引力。

引导用户注意：通过突出显示关键信息和操作按钮，引导用户将注意力集中在重要的元素上。通过合理的排版和布局，让用户更容易注意到重要的信息。

提供反馈和提示：在用户操作过程中提供及时的反馈和提示，如声音、震动、动画效果等。这些反馈可以帮助用户确认他们的操作是否成功，同时提供引导和提示信息。

通过运用以上这些方法，UI 设计可以帮助减轻用户的认知压力，提高用户体验的满意度。

12. 使用合适的色彩

色彩很容易受环境影响而发生改变，要考虑到界面的长时间阅读，或者重要提示用醒目色彩作为引导。但不要只用色彩区别，例如用绿色和红色分别表示对和错，红绿色盲就分辨不了，还需要配合√和×的符号造型一起来设计。背景色要与文字及前景元素进行区分，使用色彩弱化调和不重要的元素。

在 UI 设计中，使用合适的色彩非常重要，因为它们能够传达品牌信息、提供情感和引起用户的注意。以下是一些建议，以帮助选择适合应用程序的色彩。

确定主题和目标受众：在选择色彩之前，需要确定 UI 设计的主题和目标受众。考虑品牌形象、应用程序的功能和目标，以及用户群体。例如，如果应用程序是一个儿童教育应用程序，那么可能会选择鲜艳、活泼的色彩，以吸引孩子们的注意力。

使用色彩心理学：不同的色彩会引发不同的情感和反应。例如，红色通常被视为一种引人注目的颜色，可以传达热情、活力和紧迫感，而蓝色则被视为一种平静、专业和信任的颜色。考虑使用色彩心理学来选择适合主题和目标受众的色彩。

使用一种或两种主色：在 UI 设计中，使用一种或两种主色可以保持设计的整体协调性和一致性。主色应该是一种引人注目的颜色，可以用于应用程序的主要组件和元素，如导航栏、按钮、图标等。其他颜色可以作为辅助色，用于突出主色或提供对比度。

保持色彩平衡：在 UI 设计中，使用太多的颜色会使设计看起来杂乱无章。因此，需要保持色彩平衡，以确保设计中的颜色不会过于拥挤或混乱。可以通过使用类似的颜色、添加一些黑色或白色的元素来帮助实现这种平衡。

考虑对比度：对比度对于 UI 设计而言非常重要，因为它可以帮助用户更容易地阅读文本、找到按钮和其他交互元素。确保设计具有足够的对比度，以便用户可以轻松地阅读和交互。

测试设计：最后，测试设计是一个非常重要的步骤。在完成设计后，应该在不同设备和屏幕大小上测试设计，以确保它在所有设备上都看起来很好并可用。

13. 恰当的展现

由于每屏的尺寸有限，因此只展现必需的内容，其他内容可以放到下一屏，或者隐藏折叠。在首屏适当提示，让用户可以按照你设计的步骤去查看信息，使界面交互逻辑更清晰。

UI 展示应该根据具体的设计和用户需求来决定。以下是一些建议，可以帮助您恰当地展示 UI。

简洁明了：尽量保持 UI 的简洁和清晰，避免使用过多的元素和复杂的布局。使用易于阅读的字体和字号，确保信息层次分明，重点突出。

直观易懂：UI 设计应该直观易懂，让用户能够迅速理解并轻松操作。使用符合用户习惯的图标、按钮和布局，避免使用过于抽象或难以理解的元素。

一致性：保持 UI 的一致性有助于用户快速适应并记住您的设计。使用相同的视觉风格、色彩搭配和交互方式，以减少用户的认知负荷。

适应性和响应式：UI 设计应该适应不同的屏幕尺寸和设备类型，以确保在不同设备上的用户体验一致。同时，UI 应该响应用户的行为和操作，提供及时的反馈和引导。

用户测试：在 UI 开发过程中，定期进行用户测试可以帮助您了解用户的需求和反馈，及时调整设计并优化用户体验。

文档说明：为了方便开发者和用户理解和使用 UI，提供详细的文档说明是必要的。包括 UI 元素的含义、用途、操作方式及样式规范等。

A/B 测试：通过 A/B 测试来比较不同设计的用户体验和转化率，以便了解哪种设计方案更符合用户需求和业务目标。

设计规范：制定设计规范，规定 UI 元素的尺寸、间距、颜色等细节，以确保 UI 在细节上保持一致性。

品牌形象：确保 UI 与品牌形象保持一致，以增强品牌认知度和用户忠诚度。

可访问性：确保 UI 符合可访问性标准，方便残障人士使用您的产品或服务。遵循无障碍设计原则，提供可读性强的文本、足够的对比度、清晰的导航等。

通过考虑以上建议，可以创建出恰当且富有吸引力的 UI 展示，提高用户体验并促进用户参与。

14. 提供"帮助"选项

对初次使用界面的用户，提供帮助及下一步等新手提示。在有困惑的位置，恰当地出现提示，确保用户能顺利地使用界面，并且在操作中受到指导并学会操作。

在 UI 设计中，提供帮助选项是很有价值的，因为它可以帮助用户更好地理解和使用产品或应用程序。以下是一些在 UI 设计中提供有效帮助选项的建议。

用户手册和帮助文档：提供用户手册和详细的帮助文档，以帮助用户了解产品或应用程序的功能、操作方法和常见问题解答。这些文档可以以电子文件或打印版本的形式提供。

在线支持：通过在线聊天、邮件或电话等方式提供实时支持，帮助用户解决具体问题。这种支持可以由人工或 AI 提供。

帮助中心：在网站或应用程序中提供一个帮助中心，汇总所有帮助信息和常见问题解答。用户可以通过搜索或浏览找到他们需要的答案。

在线教程和视频：提供在线教程和视频，展示如何使用产品或应用程序的特定功能。这些内容可以由用户主动查找，也可以在用户遇到问题时提供。

反馈和评价系统：允许用户提供反馈和评价，这可以帮助您了解用户的需求和问题，并不断改进产品或应用程序。

自助支持：提供自助支持选项，如知识库、论坛或社区，让用户能够互相帮助和支持。

个性化帮助：根据用户的角色、使用经验和问题类型，提供个性化的帮助选项。这可以提高用户满意度和效率。

及时更新：随着产品或应用程序的更新和改进，及时更新帮助选项，确保用户能够获取最新的支持和信息。

综合考虑上述建议，选择适合产品和用户需求的帮助选项，以提高用户满意度和使用体验。

15. 预先提示

在发生不可逆操作，或者破坏性操作之前，需要提示用户，让用户确认后再执行不可逆操作。在破坏性操作发生后，如用户想反悔，如有必要，提供用户反悔渠道，如后台服务渠道取回等。

在 UI 设计中，预先提示是一种很好的实践，它可以帮助用户更快地理解和使用界面。以下是一些建议，可以创建有效的预先提示。

明确性和一致性：确保预先提示的文本清晰明了，并且与界面的其他元素保持一致。使用简洁的语言，避免使用过于专业的术语或复杂的句子结构。

突出显示：使用颜色、大小、字体等来突出显示预先提示，使其在界面中更容易被注意到。

位置和布局：将预先提示放置在界面中显眼的位置，例如在界面顶部或与相关元素相邻。确保它们的布局和设计与其他元素协调一致。

交互性：允许用户与预先提示进行交互，例如通过单击或触摸来获取更多信息或关闭提示。

适应性：根据不同的设备和屏幕尺寸，调整预先提示的大小和布局，以确保它们在不同设备上的可读性和可访问性。

更新和维护：定期更新预先提示，以反映界面和其他相关元素的更改。如果需要，删除或添加新的预先提示以确保它们始终与界面相关联。

测试和反馈：在界面开发过程中，测试预先提示的功能和可用性，并收集用户反馈以改进它们的设计和内容。

通过遵循这些建议，可以创建出有效且易于理解的预先提示，帮助用户更快速地了解和使用 UI 界面。

16. 功能符合业务逻辑

如果把线下业务功能搬到线上来，应该观察现有的行为和设计，提炼相应的功能和设计，合理地搬到软件中去，解决现存的问题。

UI 设计应该符合业务逻辑，这意味着设计师应该根据应用程序或网站的业务需求和目标来设计用户界面。以下是一些方法可以帮助你在 UI 设计中符合业务逻辑。

了解业务需求和目标：在开始设计之前，了解业务需求和目标是非常重要的。与业务团队进行交流，了解他们的目标和用户需求，以确保您的设计能够满足这些需求。

设计一致性：在设计 UI 时，确保整个应用程序或网站的设计风格和元素一致。这有助于用户更好地理解并使用你的产品，同时提高用户体验。

使用常见的用户界面元素：使用常见的用户界面元素，如按钮、表单、导航菜单等，可以帮助用户更快地适应您的界面。这些元素通常遵循通用的设计原则，因此用户可以轻松地理解并使用它们。

简化设计：避免在界面中添加过多的元素和功能，以免使用户感到困惑和不知所措。简化设计可以帮助用户更快地找到所需的功能和信息。

提供清晰的导航：确保用户可以通过导航菜单轻松地浏览应用程序或网站。提供清晰的导航路径可以帮助用户更快地找到所需的信息和功能。

测试和迭代：在完成设计后，进行测试并收集用户反馈，以便了解用户对界面的反应。根据反馈进行迭代并改进设计，以确保它符合业务逻辑和用户需求。

总之，UI 设计应该与业务逻辑保持一致，以满足用户需求并提高用户体验。通过了解业务需求、使用常见的用户界面元素、简化设计、提供清晰的导航、测试和迭代等方法，可以在 UI 设计中更好地符合业务逻辑。

17. 多涉猎设计之外的知识

视觉、平面设计、排版、文案、信息结构，以及可视化、用户体验手法、调研手法、交互动效、运营设计、插画设计、3D 表现、代码框架等，设计师对这些知识都应该有所涉猎或者比较擅长，要从中学习有价值的知识，以此来提高综合工作能力。

18. 实用性

在设计领域，界面设计不仅仅是一件精美的艺术品，它仅仅能够满足其设计者炫技的虚荣心是不够的，首先必须要实用，能切实地解决用户使用这款软件所要达到的目的，顺利高效地完成操作任务。

UI 设计的实用性体现在以下几个方面。

首先，UI 设计可以提高产品的用户体验，使产品更容易被用户接受。良好的 UI 设计可以清晰地传达产品信息，使用户能够轻松掌握产品的功能，从而更容易操作和使用。这不仅可以提高用户对产品的满意度，还可以增加产品的市场价值，提高企业的竞争力。

其次，UI 设计可以帮助企业提升品牌形象。一个美观、易用的界面可以给用户留下深刻的印象，从而提升品牌形象，获得更多客户的认可和信任。

此外，UI 设计还具有广泛的应用领域。无论是移动应用、网页设计、智能家居还是车载系统等各个领域，都需要优秀的 UI 设计师来提升产品的用户体验。因此，UI 设计具有广阔的就业前景和发展空间。

总的来说，UI 设计的实用性体现在提升产品的用户体验、提高产品的市场价值、帮助企业提升品牌形象、具有广泛的应用领域等方面。因此，对于设计师和用户来说，UI 设计都具有重要的意义和价值。

19. 检查错误

设计师要尽可能协助程序员和测试人员检查和清除程序中的错误，测试各个控件的状态，事件是否准确触发，文字是否可识别，图标和细节是否准确还原设计稿，操作流程是否能成功准确地完成，参与 Beta 版本的测试是消减错误的最好方法。

20. 简约设计

简约设计不仅仅是一种流行趋势，从用户体验上看，简约的界面可以摒弃很多无关的干扰信息，使 UI 更具易用性。好的 UI 设计应该具备强大的功能，但是画面要简约，做到疏密有度。拥挤的界面不论功能多么强大，都会给用户带来不适感。

UI 设计的简约设计是一种追求简洁、干净、美观的设计风格，其目的是让用户能够更好地聚焦于内容本身，而不是被过多的视觉元素所干扰。在 UI 设计中，简约设计通常包括以下几个特点。

色彩简洁：简约设计通常使用单一或少量的色彩，以避免过多的色彩混杂和干扰用户的视觉。常用的色彩包括白色、灰色、黑色等，以及一些淡雅的色彩，如淡蓝、淡灰等。

布局简洁：简约设计的布局通常非常简洁，没有任何多余的元素，每个元素都有其存在的必要性。这使得用户能够更轻松地找到自己需要的信息和操作按钮。

字体简洁：简约设计通常使用简洁的字体，避免使用过多的字体样式和大小，以确保文字的可读性和清晰度。同时，字体颜色的选择也会考虑到与背景的对比度，以确保用户能够轻松地阅读文字。

图形简洁：简约设计中的图形元素通常非常简洁，没有任何多余的修饰。这使得图形元素更加突出，同时也能够更好地与内容相结合，提高整体的美感。

留白简洁：在简约设计中，留白也是一种非常重要的元素。通过合理的留白，可以让界面更加透气和舒适，同时也能让用户更好地聚焦于内容本身。

总之，UI 设计的简约设计是一种追求简洁、干净美观的设计风格，通过色彩、布局、字体、图形和留白等元素的简洁化处理，使用户能够更好地聚焦于内容本身，提高整体的用户体验。

第**5**章

图标设计

UI 图标设计是用户界面设计中的重要元素之一，它们在应用程序、网站、硬件的视觉体验中扮演着关键角色。以下是一些关于 UI 图标设计的建议。

保持一致性：确保图标设计与整体 UI 设计风格一致，包括颜色、字体、形状和布局等方面的一致性。

简单明了：UI 图标应该简单易懂，避免使用过于复杂的图形。使用简单的图形元素，以最小的细节去传达意义。

易于识别：图标应该容易识别，避免使用模糊不清的图形或过于抽象的符号，确保图标能够快速传达其含义。

保持统一标准：确保所有图标都遵循相同的标准，如大小、形状、颜色和样式。这有助于保持整体的一致性并提高用户体验。

适应不同设备：考虑到不同的设备和屏幕大小，确保图标在不同设备上都能够清晰地显示和使用。

符号化：尽可能使用常见的符号和图形来传达意义，如保存、删除和编辑等。这有助于用户快速理解图标的含义。

提供反馈：在用户与图标交互时提供反馈，如鼠标光标悬停时改变颜色或形状，或单击时显示更多信息。

测试和优化：对 UI 图标进行测试和优化，以确保它们在各种情况下都能够有效地传达意义并提高用户体验。

总之，UI 图标设计需要考虑到易用性、一致性、简单明了和符号化等方面，以确保用户能够快速理解和使用它们，并提高整体的用户体验。

◆ 5.1 图标的概念及优点

图标是 ICON 的缩写形式，简称 ICO。ICO 是一种图标格式，用于系统图标、软件图标等，这种图标的扩展名为 *.icon、*.ico。常见的软件或 Windows 桌面上的那些图标一般都是 ICON 格式的。icon 元素包括两个可选的子元素：small-icon 子元素 large-icon 子元素。文件名是 Web 应用归档文件的根的相对路径。

图标的本质是一种符号，它采用对这个世界的隐喻来指代功能、含义和用途等，如图 5-1 所示。

图 5-1　图标设计

使用图标的优点如下。

易于被快速识别：便于记忆，图形直观性产生国际通用性，如男女洗手间符号。

信息量大：图标具有形、意、色等多种刺激，传递的信息量大，抗干扰能力强。

图标大小可调：表示视觉和空间概念，便于布局，美观。

◆ 5.2　图标的设计规范

下面是图标设计的一些规范内容。

图标设计的标准：功能寓意的识别性、风格的统一性是一个图标设计好坏的重要标准。

图标的 7 个一致性：线宽一致，体积感留白一致，倒角圆角一致，角度一致，色彩一致，复杂度一致，光影一致。

如果是导航图标，最好设计阴阳线型和对应的选中状态面性图标。图 5-2 所示为设计规范的图标。

图 5-2　设计规范的图标

图标的常见风格种类：像素图标、剪影图标、2.5D 图标、拟物图标、扁平图标、MEB 风格图标、线性图标、3D 图标、手机系统主题图标、默认缺省提示图标、运营节气皮肤图标、微质感图标、快捷入口图标、运营入口图标、节日装饰性图标等，如图 5-3 所示。

图 5-3　图标的常见风格种类

图标结构、色彩、复杂性的定位：一般来说，如果页面上空间大、图标少的话，图标可以设计得复杂且尺寸大一些，如全屏导航类或者缺省提示类；反之，如果在一个非常密集的空间里，图标可以画得小一些、简洁一些，如个人中心、侧滑列表等。

一般情况下，一类图标的尺寸是一致的，以像素或者自定义尺寸为 1 个单位的话，可以把图标分成 N 个格子，为了让方形、圆形、竖形或者不规则图形的体积感相等，一般会在留白区域内框定一个适合于图标表现的区域，尽可能以这个区域为图标的设计主体，如图 5-4 所示。

(a) 正方形　　　(b) 竖形　　　(c) 横形　　　(d) 圆形　　　(e) 表现区域

图 5-4　图标网格

尺规绘图：图形设计尽可能以圆和直线来设计，保持图形的饱满规则性，如图 5-5 所示。

(a)　　　　　　　　(b)　　　　　　　　(c)

图 5-5　尺规绘图

图 5-6 ～图 5-11 所示为图标的细节规范。

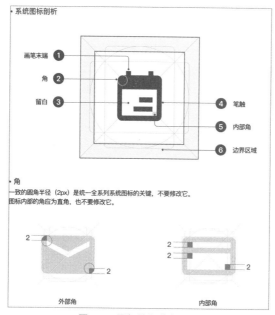

图 5-6　图标的细节规范 1

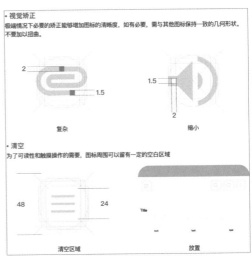

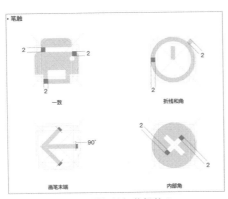

图 5-7　图标的细节规范 2

图 5-8　图标的细节规范 3

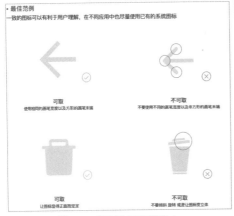

图 5-9　图标的细节规范 4

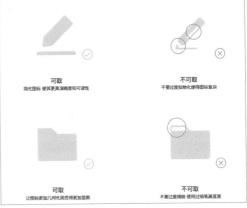

图 5-10　图标的细节规范 5

图 5-11　图标的细节规范 6

评价一套图标的好坏的标准如下。

1）整体统一性。

2）图标识别性。

3）颜色舒适度。

4）创意新颖性。

5）质量完稿度。

6）符合产品调性。

◆ 5.3　安卓手机系统及 App 图标设计规范

一套手机系统主题图标包括拨号、短信、浏览器、日历、时钟、邮件、计算器、联系人、音乐、视频、图库、相机、文档、下载、应用中心、设置、天气、个性化中心、游戏中心、录音、地图、便签、画板、安全中心、阅读和系统升级等功能，如图 5-12 所示。

图 5-12　小米手机安卓系统主题图标设计

因为安卓手机系统有不同的平台，每个平台和型号的图标尺寸不同，所以如果没有确定平台的话，可以先制作尺寸为 256px×256px 的图标。图 5-13 所示为安卓手机系统尺寸。

Android N系统App图标尺寸参考					
屏幕大小	启动图标	操作栏图标	上下文图标	系统通知图标（白色）	最细笔画
1440·2560 px	144·144 px	96·96 px	48·48 px	72·72 px	不小于6 px
1080·1920 px	144·144 px	96·96 px	48·48 px	72·72 px	不小于6 px
720·1280 px	48·48 px	32·32 px	16·16 px	24·24 px	不小于2 pd
480·800 px/480·854 px/540·960 px	72·72 px	48·48 px	24·24 px	36·36 px	不小于3 px
320·480 px	48·48 px	32·32 px	16·16 px	24·24 px	不小于2 px

图 5-13　安卓手机系统尺寸

即便是官方的 Android 扁平风格的图标，每个版本也是会有变化的，从最初的不规则扁平图标到折痕扁平图标，再到长投影扁平图标，所以即使在设计扁平图标时，也需要考虑到微小的质感变化，以及色彩细节尺寸的统一与创新。图 5-14 所示为 Android 扁平风格的图标。

图 5-14　Android 扁平风格的图标

Google 建议的图标规范如下。

　　图标的造型尽量以圆和直线的尺规绘图标准去布尔生成造型，造型以体正饱满、识别性强、体积感一致为佳，随意的、不规则的、粗细不一的图标设计为差，如图 5-15 所示。

图 5-15　图标的造型

图标的光影尽量方向一致、风格一致、阴影羽化度一致，如图 5-16 所示。

图 5-16　图标的光影

图标的角度一致和透视，如图 5-17 所示。

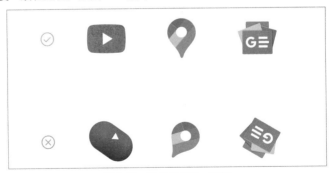

图 5-17　图标的角度、透视

图标的配色方案一致，如图 5-18 所示。

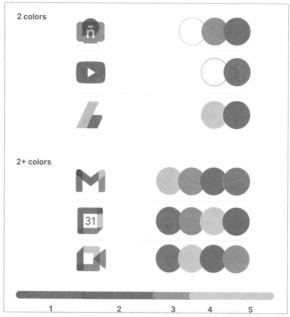

图 5-18 图标的配色方案

◆ 5.4 iOS 图标规范

iOS 系统已经发展了很多代了，目前以苹果 App 启动图标设计为主，如图 5-19 所示。早期的苹果图标以玻璃效果为主，背板的圆角也从小变大，圆角越圆越有亲和力。

iOS 图标有一套栅格系统，共有 3 个圈，建议主要图形不要超出最外圈，主要设计在靠外的 2 个圈中进行，核心圈可以做挖空或者核心造型设计，以便所有第三方 App 放在主菜单中，其大小、体积感、辨识度等与整体和谐。图 5-20 和图 5-21 所示为 iOS 图标栅格系统。

图 5-19 苹果 App 启动图标

图 5-20 iOS 图标栅格系统 1

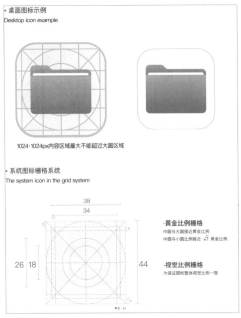

图 5-21　iOS 图标栅格系统 2

iOS 的图标尺寸模板，如图 5-22 所示。

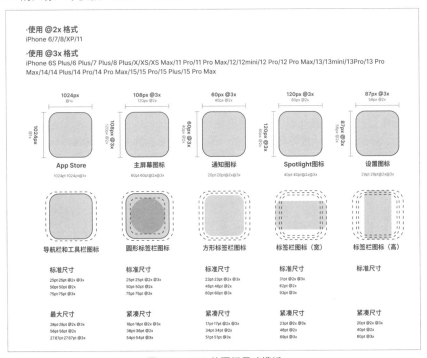

图 5-22　iOS 的图标尺寸模板

一套启动图标通常有 6 类表现形式，如图 5-23 所示。

NewsApp Logo
任何情况可用

紫底白图
有色底白图logo 放在有色底上

白底紫图
可放在主要颜色是单色黑白的
内容上

带有文字的单色logo/01
在颜色是紫色和白色单色的，
且都是垂直布局的内容中使用

带有文字的单色logo/02
在颜色是紫色和白色单色的，
且都是水平布局的内容中使用

紫色方块
引用 iOS 版本时使用此App

图 5-23　6 类视觉配色表现形式

常见的图标表现形式和效果，如图 5-24 ～图 5-26 所示。

图 5-24　彩色图标

图 5-25　双色线面结合

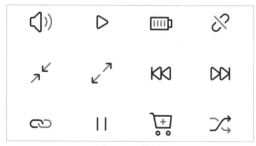

图 5-26　线性

第 6 章

互联网产品定义及竞品分析

互联网产品是指基于互联网技术，提供满足用户特定需求的服务或功能的产品形态。

互联网产品定位是一个关键的过程，它涉及确定产品的目标用户、市场定位，以及产品功能和特性的设计。以下是一些主要步骤。

了解市场分布：包括对当前市场中的竞争对手进行深入研究，了解他们的产品特性、目标用户和市场定位。通过绘制市场战略地图，可以识别市场的空白或理想的用户群体。

明确用户需求：运用用户洞察的方法，深入了解用户的核心诉求，包括他们的痛点、需求和期望。通过绘制用户画像，可以生成具有代表性且生动的形象，作为产品开发的参照。

确立市场定位：根据核心用户的需求，结合市场产品的分布状况，确定产品的市场定位。涉及确定产品的独特卖点，以及与竞争对手的差异化。

设计产品功能与特性：根据用户的核心诉求，设计产品解决方案。明确用户价值点，将产品特性和功能聚焦于解决用户的痛点上。

完成以上步骤后，可以对互联网产品进行定位，并制定相应的营销策略和推广计划。

竞品分析则是对市场上同类竞争产品进行深入比较和分析的过程，旨在发现自身产品的优势和不足，以及竞品的优劣势，从而为产品设计和改进提供参考。

在进行竞品分析时，需要选择具有代表性的竞品进行深入研究和分析，通过对比自身产品和竞品的功能、性能、用户体验、市场占有率等方面的指标，发现自身的不足之处，并制定相应的改进方案。同时，竞品分析还可以帮助企业了解市场趋势和用户需求，为产品研发和市场营销提供指导。

竞品分析的方法包括但不限于以下几种。

功能对比法：对同类产品的核心功能进行对比分析，以明确自身产品在功能方面的优劣势和差距，并发现自身产品的盲区、独特之处，制定改进方案。

用户调研法：通过用户访谈、问卷调研等方式收集用户对竞品的评价和反馈，了解用户对竞品的认知和需求，从而发现自身产品的不足之处，并制定相应的改进方案。

网站分析法：以网站流量、来源、转化等相应数据分析为基础，通过对比分析竞品网站流量、访客来源，用户的行为流程等，找到自身网站的问题，改进自己的网站。

SWOT 分析法：根据自己的产品和竞品产品的特点、市场优劣势、获得的威胁和机会等因素进行 SWOT 分析，确定自己的产品在市场中的地位和可持续性。

总之，竞品分析是互联网产品开发过程中的重要环节，有助于企业了解市场趋势和用户需求，为产品设计和改进提供参考，提高产品的竞争力和市场占有率。

下面以 App 为例来详细讲解互联网产品的定义与竞品分析。

◆ 6.1　App 的概念

　　App 现在泛指安装在智能手机上的应用软件，App UI 就是按照不同的 App 应用功能和产品目的，以及目标用户群的偏好去设计的。目前主流的两个手机平台是苹果公司的 iOS 系统和 Google 公司的 Android（安卓）系统。图 6-1 所示为 App Store。

图 6-1　App Store

　　这里推荐一个网站，专门收集 iOS 上最好看的 App 图标，https://www.iosicongallery.com。

◆ 6.2　App 的分类

　　常见的 App 一般分成 21 个类别，UI 学习也可以按这 21 个类别进行风格练习设计。大家在寻找参考竞品时，尽可能都找 App 商城中这个类别前 3 的 App 作为竞品去参考，因为太小众的 App 功能不全，参考价值一般，偶尔有少量出彩功能，也由于范围层太小、功能太单一，界面排版不容易出效果。

　　App 可以按照不同的标准进行分类。以下是一些常见的分类方式。

　　按照功能用途分类：例如，社交类 App、新闻类 App、购物类 App、娱乐类 App、金融类 App、生活类 App、工具类 App 等。

　　按照使用场景分类：例如，办公类 App、通信类 App、学习类 App、健康类 App、旅游类 App 等。

　　按照开发公司分类：例如，微信、支付宝、滴滴出行、美团外卖等。

　　按照使用人群分类：例如，儿童类 App、学生类 App、成人类 App、老年类 App 等。

　　按照平台类型分类：例如，iOS 平台 App、Android 平台 App、Windows 平台 App 等。

　　需要注意的是，以上分类方式并不是绝对的，不同的 App 可能属于不同的分类，也有一些 App 可以同时属于多个分类。

　　图 6-2 所示为 App Store 里的 App 分类占比。

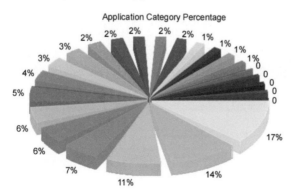

图 6-2　App Store 里的 App 分类占比

◆ 6.3 互联网产品定位

在进行产品定位（Product positioning）时通常采用五步法。

五步法又称之为 4W1H 法，即 Who：谁用？谁需要为谁服务？ What：满足这个用户哪方面的需求？ Why：市场目前的成熟情况如何？用户对你的品牌产品的感知如何？ Where：你的商品的核心价值点是什么？与别的产品的不同及优势是什么？最后是 How；用户如何获得你的产品？如何运营你的产品？图 6-3 所示为 4W1H 产品定义法解决的问题。

图 6-3　4W1H 产品定义法解决的问题

1）目标市场定位（Who），即明白为谁服务，满足谁的需要？

目标市场定位策略如下。

- 无视差异，对整个市场仅提供一种产品。
- 重视差异，为每一个细分的子市场提供不同的产品。
- 仅选择一个细分后的子市场，提供相应的产品。

2）产品需求定位（What），即满足谁的什么需要？

产品的价值由产品功能组合实现，不同的顾客对产品有着不同的价值诉求。这一环节需要调研，获得这些需求可以指导新产品的开发和产品的改进。

3）考察消费者对产品概念的理解、偏好，为什么（Why）可以接受产品？

这一环节的测试需要从用户的心理层面到行为层面来深入研究，以获得用户对产品的接受情况。

- 考察产品概念的可解释性与传播性。
- 同类产品的市场开发度分析。
- 产品属性定位与消费者需求的关联分析。
- 对消费者的选择购买意向分析。

4）产品差异化价值点定位（Where），做定位之前，第一步工作就是分析竞品，研究它们的价值点在哪里？

通过分析竞品的价值点，就有可能发现一些有市场需求的价值。比如可口可乐的定位是"传统的、经典的、历史最悠久的"价值定位，百事可乐就把自己定位于"年轻的、专属于年轻人的"价值定位。

- 产品独特价值特色定位。
- 从产品解决问题特色定位。
- 从产品使用场合时机定位。
- 从消费者类型定位。
- 从竞争品牌对比定位。
- 从产品类别的游离定位、综合定位等。

5）营销组合定位，用户如何获得产品（How）？

营销组合定位即如何满足需要，它是进行营销组合定位的过程。即产品（Product）、价格（Price）、渠道（Place）、宣传（Promotion），再加上策略（Strategy），所以简称为"4P1S"营销理论。

- 产品价格。
- 渠道策略。
- 推广策略。
- 促销策略。
- 展示策略。

6.4　产品需求 PRD 简化模板

PRD（Product-Requirement-Document，产品需求文档）按产品复杂度，其篇幅从二三十页到上百页不等，内容如下。

第一部分：文档头，包括封面、撰写人、撰写时间、修订记录页、目录等。

第二部分：产品概述、名词说明、产品目标、项目周期阶段和时间节点、产品风险等。

第三部分：使用者需求、目标用户、场景描述、功能优先级等。

第四部分：业务模块、功能总览表、详细功能、产品主要模块的流程图等。

第五部分：功能线框、BETA 测试需求、用例编写、非功能需求等。

第六部分：运营计划、推广和开发经费人员预估、上线下线标准等。图 6-4 所示为 PRD 产品需求文档需要内容。

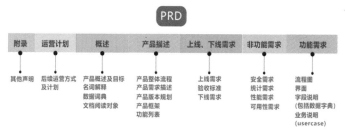

图 6-4　PRD 产品需求文档需要内容

6.5　竞品分析

所谓 SWOT 分析，即基于内外部竞争环境和竞争条件下的态势分析，就是将与研究对象密切相关的各种主要内部优势、劣势，以及外部的机会和威胁等，通过调查列举出来，并依照矩阵形式排列，然后用系统分析的思想，把各种因素相互匹配起来加以分析，从中得出一系列相应的结论，而结论通常带有一定的决策性。

运用这种方法，可以对研究对象所处的情景进行全面、系统、准确的研究，从而根据研究结果制定相应的发展战略、计划及对策等。通常采用"SWOT"法则来分析，即 S（Strengths，优势）、W（Weaknesses，劣势）、O（Opportunities，机会）和 T（Threats，威胁）。

按照企业竞争战略的完整概念，战略应是一个企业"能够做的"（即组织的强项和弱项）和"可能做的"（即环境的机会和威胁）之间的有机组合。图 6-5 所示为 SWOT 分析法。

竞品分析可以从战略层、范围层、结构层、框架层及表现层 5 个面去分析。图 6-6 所示为用户体验的 5 个层面。

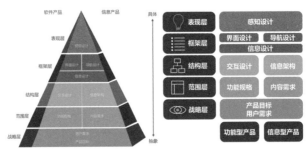

图 6-5　SWOT 分析法

用户体验要素

图 6-6　用户体验 5 个层面

一般用 XMind、MinderManager 等思维导图软件来分析 App 的结构层。图 6-7 和图 6-8 所示为春雨医生结构层分析，图 6-9 所示为平安好医生结构层分析。

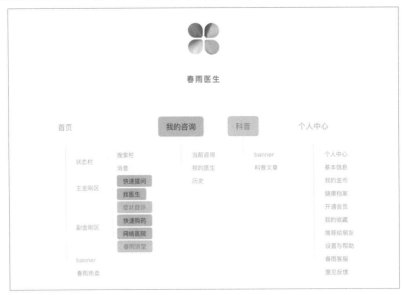

图 6-7　春雨医生结构层分析 1

图 6-8 春雨医生结构层分析 2

图 6-9 平安好医生结构层分析

◆ 6.6 用户画像

一般来说，根据具体的业务内容会有不同的数据，不同的业务目标也会使用不同的数据。

在互联网领域，用户画像数据可以包括以下内容，如图 6-10 所示。

用户属性：包括性别、年龄等人的基本信息。

兴趣特征：浏览内容、收藏内容、阅读咨询、购买物品偏好等。

消费特征：与消费相关的特征。

位置特征：用户所处城市、所处居住区域、用户移动轨迹等。

设备属性：使用的终端特征等。

行为数据：访问时间、浏览路径等用户在网站的行为日志数据。

社交数据：用户社交相关数据。

图 6-10　用户画像

现在基于大数据进行的 AI 算法，推送内容的 App 越来越多，因为要为用户画像做标签，分为固有属性、推导属性、行为属性、态度属性和测试属性。

◆ 6.7　用户需求

可以通过以下方式获得用户需求。

公开信息：包括新闻（百度新闻、科技媒体、微信搜索）、大众评论（微博、微信、知乎）、相关领域的网站和论坛、各种互联网分析网站（如艾瑞咨询、企鹅智酷等）。

用户调查：在线问卷（问卷星等）、线下问卷，还可以委托代理公司等。

用户访谈：找到目标用户中质量较高的人员进行跟踪访谈。高质量的定义一般是在领域内资深、对产品体验要求高、有话语权，以及擅于表达的行业专家、同类产品从业者。与他们访谈可以获得更落地、更真实、更深入的信息。

产品本身的反馈渠道：比如种子用户群，投诉邮件，以及 App 开发博客下的评论及商店的评论。

用友盟手机助手等数据软件埋点产品内部，获取用户的使用行为数据后，分析用户的喜好和偏重。

分析竞品及公司战略目标获取，比如竞品是否有没满足用户的地方，或者最近的产品趋势等。

KANO 模型由东京理工大学教授狩野纪昭提出，用于用户需求的分类和优先级排序，如图 6-11 所示。图 6-12 所示为马斯洛 7 层需求层次理论。

根据 KANO 模型，5 个评价指标如下。

魅力属性：让用户感到惊喜的属性，如果不提供此属性，不会降低用户的满意度，一旦提供魅力属性，用户满意度会大幅提升。

期望属性：如果提供该功能，客户满意度提高；如果不提供该功能，客户满意度会随之下降。

必备属性：这是产品的基本要求，如果不满足该需求，用户满意度会大幅降低。但是无论必备属性如何提升，客户都会有满意度的上限。

无差异属性：无论提供或不提供此功能，用户满意度不会改变，用户根本不在意有没有这个功能。这种费力不讨好的属性是需要尽力避免的。

反向属性：用户根本没有此需求，提供后用户满意度反而会下降。

KANO模型

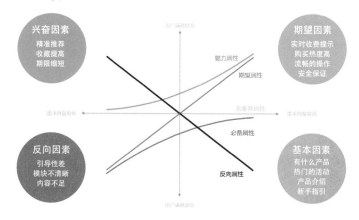

图 6-11　KANO 模型

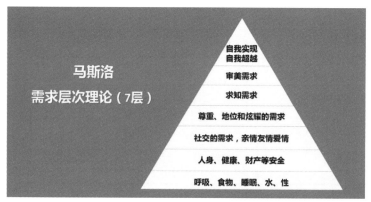

图 6-12　马斯洛 7 层需求层次理论

◆ 6.8　用卡片分类法确定 App 功能分类

卡片分类法主要用于了解用户对网站、App 导航和架构的心理模型，如图 6-13 所示。卡片分类法的一般形式分为两种：开放式和封闭式。

开放式卡片分类：为测试用户提供带有 App 功能及内容但未经过分类的卡片，让它们自由组合并

图 6-13　卡片分类法

且描述出摆放的原因。开放式卡片分类能为新的或已经存有的网站和产品提供合适的基本信息架构。

封闭式卡片分类：为测试用户提供 App 建立时已经存有的分组，然后要求将卡片放入这些已经设定好的分组中。封闭式卡片分类主要用于在现有的结构中添加新的内容或在开放式卡片分类完成后获得额外的反馈。例如，飞机、公共汽车、火车、草地、青蛙、叶子。

封闭式分类法提供自然和机械两个分类，让用户把内容归入分类下，如图 6-14 所示。

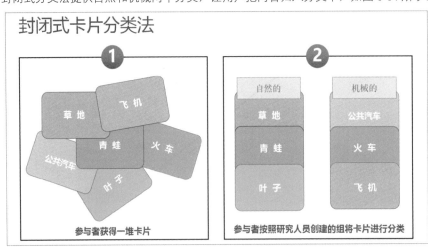

图 6-14 封闭式卡片分类法

开放式分类法让用户自觉去分类，最后得到绿色的东西和车辆两个分类，如图 6-15 所示。

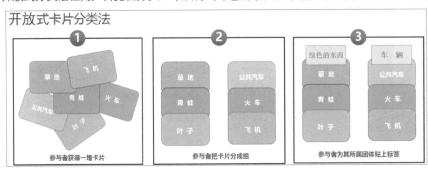

图 6-15 开放式卡片分类法

◆ 6.9 开发版本的功能优先级

早期在调研环节，会出现大量的功能需求，但是需要做一下功能的优先级分类。可以用以下几个指标来分析功能是否需要优先在当前版本开发。

功能开发成本：难易度，包括时间成本及技术成本、人员成本、服务器成本。

用户数量：有多少人需要这个功能，如果只是 2% 的用户，这个功能可以靠后。

用户感知度：这个功能修改后，用户是否能及时发现，不容易感知的功能可以靠后。

功能使用频率：如果是使用频率很高的常用功能，可以提高优先级。

功能的独特性：如果这个功能非常有核心竞争价值、技术壁垒及垄断性，可以提高优先级。

竞品是否具备：竞品如果具备，可以提高优先级。

功能需求急迫程度：紧急的功能可以提高优先级，比如数据安全漏洞、赶热点等。

用户兴奋性需求：这个功能增加以后，对用户非常具有吸引力，或者变现转化力。

用以上 8 个方面给悬而未决的功能排 1 ～ 10 等级的优先级，然后逐一打分，最后总结得分，就可以排出功能优先级。优先级靠后的功能可以放到后期的版本再开发，一个阶段一个阶段地完成当前版本目标。图 6-16 所示为 App 产品生命周期。

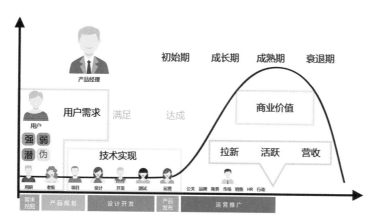

图 6-16　App 产品生命周期

第 7 章

基础色彩原理和 UI 的配色

本章主要讲解色彩的基本原理和 UI 配色的基本方法，适合 App、小程序、网页、B 端后台、数据可视化、硬件 HMI 等 UI 设计。

色彩原理是所有设计的基础，这是因为色彩在设计中起着至关重要的作用。色彩能够影响人们的情绪、感知和反应，因此在设计中正确使用色彩是非常重要的。

色彩可以影响人们的情绪。不同的色彩可以引发不同的情感反应，例如，红色通常被视为充满活力和激情的色彩，而蓝色则通常被视为平静和冷静的色彩。因此，在设计作品时，选择适当的色彩可以影响观众的情绪，从而增强作品的表现力和吸引力。

色彩可以影响人们的感知。不同的色彩具有不同的明度、饱和度和色调，这些属性可以影响人们对作品的感知。例如，较亮的色彩可以更加引人注目，而较暗的色彩则可以更加隐蔽。因此，在设计作品时，选择适当的色彩可以影响观众的感知，从而增强作品的可读性和可辨识性。

综上所述，色彩原理是所有设计的基础。设计师需要了解色彩的基本原理和属性，掌握正确的色彩搭配和运用技巧，从而在设计中创造出更加优秀、更加引人注目的作品。

◆ 7.1　色彩的概念

人们肉眼所见的颜色分为无彩色和有彩色两种，红外线、紫外线及其他有色光不在讨论范畴内。

无彩色：即通常所说的黑白灰。

有彩色：即通常所说的除了黑白灰，赤、橙、黄、绿、青、蓝、紫等各种深浅不一的色彩，或者混合的彩色。

色彩的几个术语如下。

色相（Hue）：即各类色彩的相貌称谓。

色彩饱和度（Saturation）/ 色度（Chroma）：颜色的整体强度或者亮度。

明度（Value）：色彩的明暗程度。

色调（Tone）：纯色和灰色组合产生的颜色，也可以说是一幅画中画面色彩的总体倾向。

色度（Shade）：纯色和不同比例的黑色混合产生的颜色，即色彩的纯度。

色彩（Tint）：纯色和白色混合产生的颜色。一种色相（Hue）通过加入不同比例的白色能够产生不同的颜色。

颜色的三要素由色相、明度和饱和度（彩度）组成。

色相是指色彩的相貌，色相被用来区分颜色。根据光的不同波长，色彩具有红色、黄色或绿色等性质，这被称为色相。具体参考色相环及其他色彩模型，如图 7-1 所示。

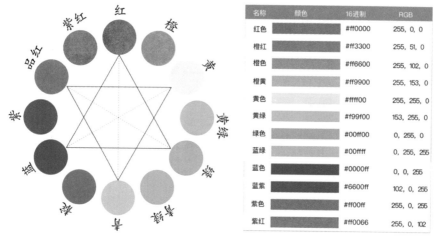

名称	颜色	16进制	RGB
红色		#ff0000	255, 0, 0
橙红		#ff3300	255, 51, 0
橙色		#ff6600	255, 102, 0
橙黄		#ff9900	255, 153, 0
黄色		#ffff00	255, 255, 0
黄绿		#f99f00	153, 255, 0
绿色		#00ff00	0, 255, 0
蓝绿		#00ffff	0, 255, 255
蓝色		#0000ff	0, 0, 255
蓝紫		#6600ff	102, 0, 255
紫色		#ff00ff	255, 0, 255
紫红		#ff0066	255, 0, 102

图 7-1　色相环及色值

明度是色彩从亮到暗的明暗程度。黑色的绝对明度被定义为 0（理想黑），而白色的绝对明度被定义为 100（理想白），其他灰色系列则介于两者之间。

色调：把颜色从白到黑等分为 9 等分或者 N 个层级，高明度的 1/3 称为亮调或高调，中明度的 1/3 称为中调，低明度的 1/3 称为暗调或低调。

长调和短调：把跨度大于等于 50% 的配色称为长调，跨度小于等于 30% 的配色称为短调。

不同的色调组合可以体现不同的画面情绪。

图 7-2 所示为明度及调子。图 7-3 所示为长短调视觉情感。

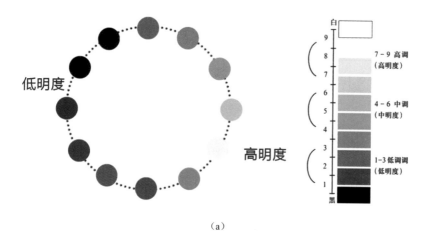

（a）

图 7-2　明度及调子

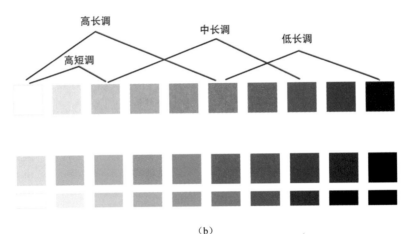

（b）

图 7-2　明度及调子（续）

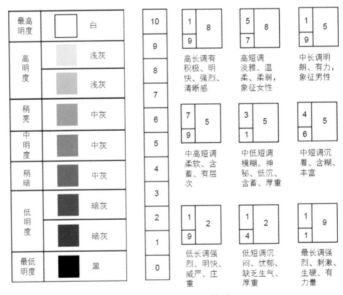

图 7-3　长短调视觉情感

　　纯度通常是指色彩的鲜艳度。从科学的角度看，一种颜色的鲜艳度取决于这一色相发射光的单一程度。色彩的纯度强弱是指相感觉明确或含糊、鲜艳或混浊的程度。图 7-4 所示为彩度饱和度模型。

　　高纯度色相加白或黑，可以提高或减弱其明度，但都会降低它们的纯度。如果加入中性灰色，也会降低色相纯度。根据色环的色彩排列，相邻色相混合，纯度基本不变，如红黄相混合所得的橙色。对比色相混合，最易降低纯度，以至成为灰暗色彩。色彩的纯度变化可以产生丰富的强弱不同的色相，而且使色彩产生韵味与美感。

　　三原色，即红、蓝、黄；二次衍生色，即橙、绿、紫；三次衍生色，红橙、黄橙、黄绿、蓝绿、蓝紫、红紫。图 7-5 所示为原色和衍生色。

　　图 7-6 所示为单色和多色配色 App。

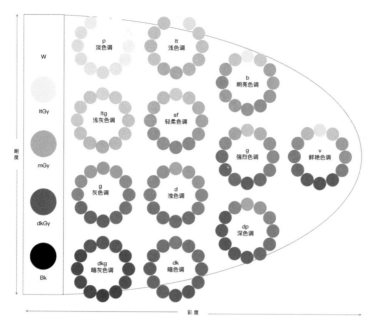

图 7-4　彩度饱和度模型

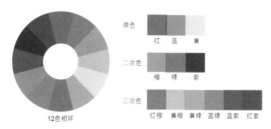

图 7-5　原色和衍生色

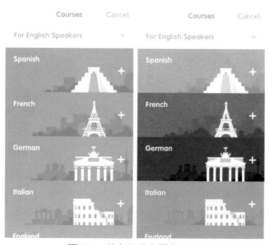

图 7-6　单色和多色配色 App

图 7-7 所示为复色。

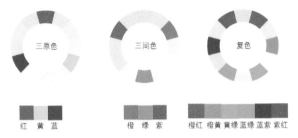

图 7-7　复色

4 种配色方案如图 7-8 所示。

同类色：占色环 30º。

邻近色：占色环 60º。

对比色：占色环 120º。

互补色：占色环 180º。

更多的配色方案如图 7-9 所示。

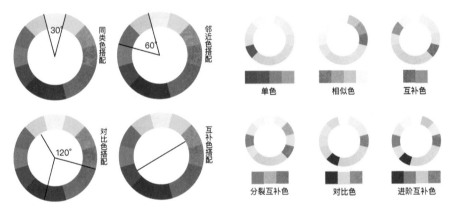

图 7-8　4 种配色方案　　　　　　图 7-9　更多的配色方案

关于色彩的情感和冷暖，大家需要注意的一点是，不同地区的人对颜色有不同的理解，在中国，红色表示喜庆，如发红包。而在西方红色代表危险，如流血。在国外，股票涨是绿色，跌是红色。所以，大家在做设计时，最好了解目标用户对色彩的理解和喜好。图 7-10 所示为冷暖色模型。

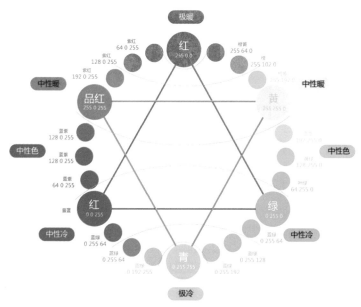

图 7-10　冷暖色模型

图 7-11 所示为色彩情感模型。

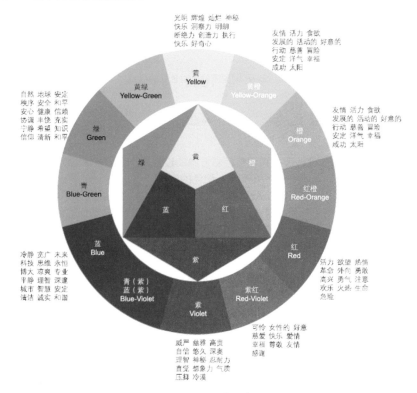

图 7-11　色彩情感模型

图 7-12 所示为不同国家的人对色彩的喜好。

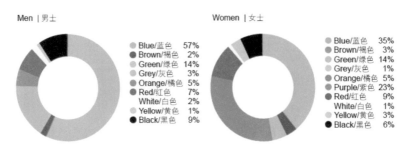

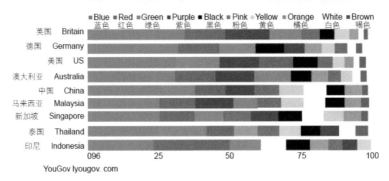

图 7-12　不同国家的人对色彩的喜好

◆ 7.2　App 配色概念

App 配色是指为 App 设计选择和调整色彩方案的过程。一个好的配色方案可以提高 App 的用户体验和品牌形象。以下是一些关于 App 配色的建议。

确定主题色：选择一个与品牌或 App 主题相关的颜色作为主色调，以此为基础进行配色。

考虑用户群体：针对目标用户群体的喜好和心理特征，选择适合他们的色彩方案。

保持一致性：在 App 的整个界面设计中，保持色彩的一致性和协调性。

利用色彩对比：利用不同颜色之间的对比度来突出重点和层次感。

考虑可读性：在文字和背景之间选择合适的颜色搭配，以提高文字的可读性。

避免过度装饰：避免使用过多的颜色和装饰元素，以免干扰用户对 App 主要内容的关注。

测试和调整：在 App 开发过程中不断测试和调整配色方案，以确保其在实际使用中的效果。

总之，App 配色需要考虑到品牌形象、用户体验和可读性等多个方面，通过合理的色彩搭配来提高 App 的用户友好性和易用性。

7.2.1　App 基础色彩构成

App 所用的配色方案为自发光的 RGB 色系，如图 7-13 所示。

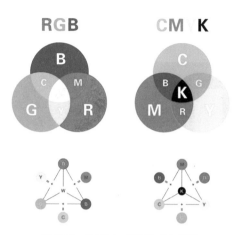

图 7-13　RGB 与 CMYK 颜色模型

一套 App 配色基本由背景色、主题色、辅助色、点睛色 4 种色调组成。

背景色：分为浅色基地（白基）、深色基地（黑基）和彩色基地（灰基）。

主题色：主题色是由除了基地背景色外占最多体积的色调组成的，主色调也可由几个颜色混合的渐变色组成。

辅助色：辅助主色，使画面细节更丰富，辅助色也可由呼应主色调内容的图片辅助。

点睛色：引导阅读，装饰页面，让页面的元素信息层级井然有序。

图 7-14 所示为白底和彩底及黑底配色的 App。

图 7-14　白底和彩底及黑底配色的 App

7.2.2　前进色和后退色元素的色彩信息层级

前进色和后退色如图 7-15 所示。

图 7-16 所示为 App 中的元素色彩信息层级。比如机场和机票这两个页面，地图为暗色背

景色，而路线就是亮蓝色，为前景色、点睛色。下方弹窗白色压在地图上为前景色区域，按钮亮蓝色为点睛引导区域。在机票页面中，红色为背景色，白色为前景卡片区域，两个城市 MUC 和 SFO 为重要功能色，时间和座位登机口为点睛色， 按钮和二维码为点睛色。

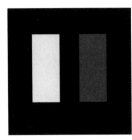

图 7-15　前进色和后退色　　　　图 7-16　App 中的元素色彩信息层级

　　一个优秀的 UI 界面，每个页面上的功能和内容都会分主次信息层级，凸显重要的内容，弱化不重要的内容，好的 App 页面应该在第一时间让用户看到自己想看到的内容，节约用户时间。在用户使用过程中，用色彩和图标及元素摆放位置， 很好地引导用户实现在这个软件上想要实现的操作任务和目的。

7.2.3　凸显 App 页面 UI 元素和文字的多种方法

　　要凸显 App 页面上的 UI 元素和文字，可以考虑以下几种方法。

　　调整颜色：通过改变 UI 元素和文字的颜色，可以使它们在页面上更加突出。例如，可以将 UI 元素的颜色设置为与背景色不同的颜色，或者将文字的颜色设置为与背景色对比鲜明的颜色。

　　增加阴影：为 UI 元素和文字添加阴影效果，可以使它们在页面上更加立体，从而更加突出。

　　调整大小：通过调整 UI 元素和文字的大小，可以使其在页面上更加明显。例如，可以将重要的 UI 元素或文字放大，或者将次要的 UI 元素或文字缩小。

　　使用动画效果：通过添加动画效果，可以使 UI 元素和文字更加生动有趣，从而吸引用户的注意力。

　　添加背景图：通过添加背景图，可以增强页面的视觉效果，使 UI 元素和文字更加突出。

　　使用标签或提示：通过添加标签或提示，可以告诉用户 UI 元素或文字的重要性或功能，从而吸引用户的注意力。

　　总之，要凸显 App 页面上的 UI 元素和文字，可以从颜色、阴影、大小、动画效果、背景图和标签或提示等方面入手。

　　图 7-17 所示为文字信息层级高低的表现技法。

文字信息层级高低的表现技法——色相、粗细、透明度、尺寸

UEGOOD交互课程　　　　UEGOOD交互课程

UEGOOD交互课程　　　UEGOOD交互课程

UEGOOD交互课程　　　UEGOOD交互课程

UEGOOD交互课程　　　UEGOOD交互课程

还有没有？非常多……

图 7-17　文字信息层级高低的表现技法

文字可以用颜色、粗细、深浅、大小等方法来区分谁更重要，甚至还可以在色彩前面加上图标、色块，底下加下画线或者删除线来使文字相对其他文字更加明显或者减弱。图 7-18 所示为区分元素优先级和功能分类的手法。

图 7-18　区分元素优先级和功能分类的手法

可以使用格式塔理论来设计元素之间的对比关系和从属分类关系，将尺寸一致、拥有类似功能的图标靠得更近等，也可以用相反的手法凸显这些 UI 元素。

接下来讲解格式塔原则。

格式塔原则是心理学中的一种理论，它强调整体和部分之间的关系，以及整体大于部分之和的原则。格式塔原则在许多领域都有应用，包括设计、艺术、文学和心理学等。

在设计中，格式塔原则可以帮助设计师理解如何将不同的元素组合在一起，以形成一个有意义的整体。例如，接近性原则是指在视觉上相近的元素会被视为一个整体。因此，在设计版式时，将相关的元素放在一起，可以使读者更容易理解信息的结构和关系。

此外，格式塔原则还可以帮助设计师创造更好的用户体验。例如，通过了解用户的认知过程和感知规律，设计师可以创造出更易于理解和使用的界面和交互方式。

总之，格式塔原则是一种有用的工具，可以帮助设计师更好地理解和解决设计问题。

利用格式塔原则进行设计的 4 种方法包括以下几个。

接近性原则：相互靠近的物体会被认为是一个整体。

相似性原则：人们会把相似或者相同的元素看作一个整体。

连续性原则：连续性是指人们视觉上倾向于感知物体是不间断的形式，即使有时候有重叠。这个原则常常暗示元素的连续性。比如卡片露出一部分，人们在感知上就会认为右边还隐藏了部分内容，而且具有方向性。比较典型如模块滚动、导航、滑动条等。

共同命运原则：共同命运是指当人们感知到一组元素时，他们会将这些元素视为一个整体，而不是单独的个体。这是因为这些元素在空间或时间上具有共同的变化或运动。例如，当一组元素同时移动或变化时，人们会将这些元素视为一个整体，而不是单独的个体。对称的元素会被视为一体。

这些原则在设计中被广泛应用，可以帮助设计师更好地组织和理解设计元素，从而创造出更具吸引力和有效性的设计。

接近性（Proximity）：物体间距影响我们对它们关系的感知，距离较近的物体看起来组成了一个整体，距离较远的则不是。

相似性（Similarity）：如果不同元素在形状、颜色、阴影或其他特征上彼此相似，那么这些相似的元素看起来就自然组合为一组。图 7-19 所示为格式塔接近性和相似性。

图 7-19　格式塔接近性和相似性

连续性（Continuation）：格式塔心理学上所说的连续性，是指对线条的一种特殊知觉，人们在知觉过程中往往倾向于使知觉对象的直线继续成为直线，曲线继续成为曲线，持续延伸。

共同命运（Common fate）：之前介绍的格式塔原理都是针对静态图形，而共同命运这一原理则涉及运动的物体，一起运动的物体会被感知为属于一个整体或者彼此相关。图 7-20 所示为格式塔连续性和共同命运。

图 7-20　格式塔连续性和共同命运

在格式塔原则中，连续性和共同命运都是重要的原则，通过它们可以更好地理解和解释人类视觉感知的某些方面。

7.2.4　四类渐变配色方案

4 类常见的渐变配色方案为单色渐变、双色渐变、浅色渐变和深色渐变。

这几年流行的 UI 配色为糖果色及彩虹流体渐变；而双色渐变又分为艳色系、浅色系及深色系 3 种，前几年为纯扁平配色。在进行 UI 设计时，需要按照 App 的企业色、产品风格、目标用户群喜好去配色。一般 UI 设计出方案的时候，会多出几套配色供客户及上级挑选，因为一个 App 的配色不是单单由 UI 设计师的喜好决定的，其关系到整个公司这条产品线的成败。所以，尽可能在配色完毕后，用投票方法获取得票率最高的方案，或者由公司的决策者来决定。图 7-21 ～图 7-24 为 4 类渐变配色方案。

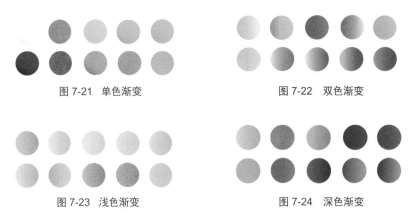

图 7-21　单色渐变　　　　　　　　　　图 7-22　双色渐变

图 7-23　浅色渐变　　　　　　　　　　图 7-24　深色渐变

更多的 App 渐变配色方案举例如下。

一般电商类 App 多以橘色、红色、粉色等暖色为主要配色，因为用户群大部分为女性，又需要激发人们的购买欲。但是高端购物 App 也有很多黑金、黑白冷淡系配色，不能一概而论。

一般医疗、科技、旅游类产品以绿色、蓝色为主要配色，但是也有一部分医疗美容产品用粉色，旅游类产品用柠檬黄，如蚂蜂窝和飞猪旅行，还有一些民宿类 App 比如爱彼迎是红色的。

一般音乐类 App 多以绚紫、紫红为主要配色，也有小部分文艺类的以红白、绿白、黑金为配色。

一般理财类 App 多以橘色、紫蓝、土豪金、红色或者黑底为主要配色，尽可能不要用绿色，感觉会跌。

一般美食类 App 多以米黄色、咖啡色、粉红色等烘焙色为主，当然也有一些高端的会用黑金，绿色食品冷链会走蓝绿色路线。

当然例子还有很多，大家可以多分析竞品，自己总结各类 App 的配色，就不在此赘述了。

当页面上的颜色太多时，可以用大面积的白色和黑色（深色）来和谐统一颜色，如图 7-25 所示。

图 7-25 白色和多彩色页面

图 7-26 和图 7-27 所示为更多 App 单色渐变与双色渐变配色。

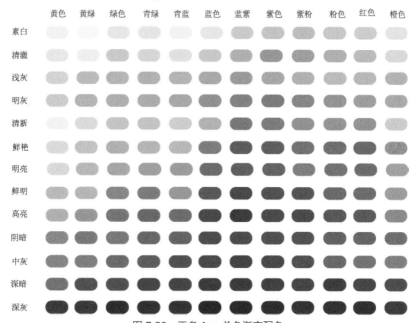

图 7-26 更多 App 单色渐变配色

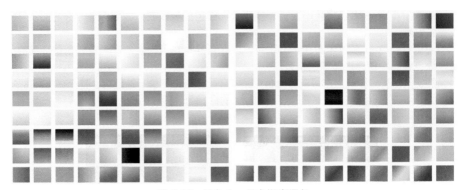

图 7-27　更多 App 双色渐变配色

第 8 章

UI 交互线框布局设计

本章主要讲解 UI 交互线框的布局设计。

UI 交互线框布局设计是创建用户界面的重要步骤之一。它使用线框图或原型来模拟用户与界面之间的交互，帮助设计师和开发人员规划和设计用户界面的布局和交互流程。

以下是 UI 交互线框布局设计的一些关键步骤。

1. 确定目标和用户

首先需要确定应用程序的目标和目标用户。了解用户的需求、行为和偏好，以便为不同的用户群体设计不同的界面和交互方式。

2. 确定布局和导航

根据应用程序的目标和用户需求，确定界面的布局和导航方式，包括确定屏幕尺寸、分辨率和屏幕上的元素，如按钮、文本框、图像等。

3. 确定交互方式

确定用户与界面之间的交互方式，如鼠标、键盘、触摸等。在设计交互方式时，需要考虑用户的习惯和效率，以便让用户更容易地使用应用程序。

4. 创建线框图或原型

使用绘图工具或原型工具创建线框图或原型，以模拟用户与界面之间的交互。在创建线框图或原型时，需要考虑布局、导航和交互的细节，以确保用户可以轻松地使用应用程序。

5. 测试和修改

在完成线框图或原型后，需要进行测试和修改以确保其可用性和易用性。测试可以包括用户测试、可用性测试和 A/B 测试等，以便了解用户对界面的反应和满意度。根据测试结果进行必要的修改和优化，以提高用户体验。

6. 完成设计

完成线框图或原型的修改后，可以将其转化为最终的 UI 设计。在完成设计时，需要考虑色彩、字体、图片等视觉元素，以使界面更加美观和吸引人。

总之，UI 交互线框布局设计是创建用户界面的关键步骤之一，它可以帮助设计师和开发人员规划和设计用户界面的布局和交互流程，提高用户体验和满意度。

◆ 8.1 流程图设计

流程图（Flow Chart）是指用图示的方式反映特定主体为了满足特定需求，而进行的有特定逻辑关系的一系列操作过程。

流程图的 4 种基本结构为顺序结构、条件结构（又称选择结构）、循环结构和分支结构。

8.1.1 流程图的常用符号意义

流程图的常用符号意义如图 8-1 所示。

元素	名称	定义
	开始或结束	表示流程图的开始或者结束
	流程	即操作处理，表示具体某一个步骤或者操作
	判定	表示方案名或者条件标准
	文档	表示输入或者输出的文件
	子流程	即已定义流程，表示决定下一个步骤的一个进程
	数据库	即归档，表示文件和档案的存储
	注释	表示对已有元素的注释说明
	页面内引用	即链接，表示流程图之间的接口

图 8-1　流程图的常用符号意义

8.1.2 软件业务流程图设计

一般在写产品需求文档时，都需要设计流程图，一个 PRD 会由几个大的主流程图和个子模块的流程图构成。主流程图不需要很详细，只要描述大概的通用操作流程。而在具体业务模块下，再去设计详细的角色操作流程图。流程图设计完后，先切分业务模块，然后绘制线框图。图 8-2 所示为一个注册页面的通用流程图。

作为制定一项交互设计工作计划的开端，可以从探寻以下几个问题开始。

业务目的：为什么要做这个功能？

业务目标：产品期望得到怎样的成果？

目标用户：谁来使用这个功能？

用户需求、体验目标：他们为什么要使用这个功能？

行为设计：如何让他们都来使用这个功能？

在了解这几个问题的基础上，逐步展开一系列的动作，有序落实交互设计的前期工作计划，主要包括：分析业务需求→分析用户需求→分解关键因素→归纳设计需求，明确设计策略。

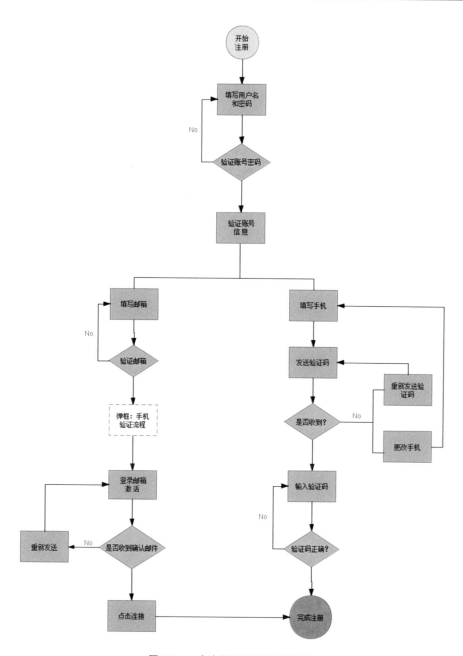

图 8-2　一个注册页面的通用流程图

◆ 8.2　手绘线框图

　　UI 手绘线框图是一种用于设计用户界面的草图或蓝图，它使用简单的图形和线条来描绘界面元素和布局。这种线框图通常不包含颜色、纹理和细节，而是专注于界面结构和功能布局。

手绘线框图是一种非常有用的工具，可以帮助设计师和开发人员可视化并讨论界面的布局和功能。它允许团队成员在开发过程中的早期进行规划和讨论，并就界面的整体外观和感觉达成一致。

在制作 UI 手绘线框图时，通常使用简单的绘图工具，如铅笔、纸和尺子。也可以使用在线工具或软件，如 Sketch、Figma 或 Adobe XD 等来创建数字线框图。

在设计过程中，手绘线框图可以用于以下几个方面。

规划和讨论：在开始设计之前，使用手绘线框图来规划和讨论界面的布局和功能。这有助于团队成员就界面的整体结构和元素达成一致。

沟通和交流：手绘线框图是一种易于理解和沟通的工具，可以用于向团队成员或客户展示设计想法和概念。

草拟和原型制作：手绘线框图可以用于草拟界面的早期版本，并用于制作原型以进行测试和反馈。

记录和文档：手绘线框图可以用于记录设计决策和想法，并在项目文档中提供视觉参考。

总之，UI 手绘线框图是一种强大的工具，可以帮助设计师和开发人员可视化、讨论和规划用户界面的设计和布局。

8.2.1 页面功能模块的划分

根据产品需求确定模块划分和页面内容，为视觉和研发提供设计和开发标准。线框图设计要素包括界面内容、元素布局、优先顺序和关联分组。

线框图要做到以下几点。

结构：将产品的各个页面放到一起。

内容：页面显示的内容是什么？

信息层次：如何组织和展示这些信息？

布局功能：页面如何工作？如何完成任务？

视觉顺序行为：与用户如何交互？它是如何运转的？

线框图设计步骤：明确该页面功能和任务，确定设计页面所需的信息内容，对页面信息内容进行布局，调整页面元素细节（尺寸、定位等）。

经过这些操作之后，可以将页面功能模块进行很好的划分。

8.2.2 手绘线框的方法

可以买专门的手绘线框本和铁皮的手绘线框原型钢板尺，如图 8-3 所示。

图 8-4 和图 8-5 所示为原型工作小组和手绘原型。

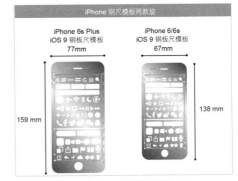

图 8-3　原型钢板尺

一般在产品功能需求文档做完，功能拓扑图及重要流程设计完毕，然后开始把功能分配到各个页面上时，使用手绘线框。

有一些敏捷式开发时，会让设计师一边讨论，一边绘制手绘线框。手绘线框图的优势是，可以用最小的成本探讨设计可行性等问题。所以，设计师平时应该多使用 App 竞品，使自己对各类 App 版式非常熟悉。App 中比较重要的页面有注册、登录、首页、个人中心、设

置、导航分类、播放器、各种列表、社交、购物车、照片库、侧滑、搜索、地图、社区、对
话框、精品推荐等。

图 8-4　原型工作小组　　　　　　　　　　　　　　图 8-5　手绘原型

12 类常见的 App 页面导航如图 8-6 所示。

图 8-6　12 类常见的 App 页面导航

1）下导航：采用文字加图标的方式展现。一般有 3 ～ 5 个标签，大部分 App 选用这种导
航，优点是可以不迷路地在各个模块中切换，缺点是会分割页面内容，占用一定的底部
空间。

2）上导航：优点是用于较多的分类卡片，可以左右滑动，隐藏更多功能，缺点是需要双
手操作。

3）舵式导航：优点是可以把常用功能或者重要功能居中醒目显示，缺点是图标数量只能
是单数。

4）瓦片式导航：优点是简约而不简陋，导航清晰、明显，缺点是进入模块后，要退出才
能回到菜单。

5）列表式：优点是可以对内容非常多的数据进行不断加载滑动，缺点是单调，容易引
起疲劳。

6）弹出菜单：优点是形式新颖、节省空间，缺点是需要猜测和记忆内部功能。

7）瀑布流：优点是图片展示类可以一直下滑，视觉效果好，缺点是要找到之前滑过去
的图片，需要上下翻很久。

8）卡片翻转：优点是视觉效果好，动感强，缺点是损耗系统资源。

9）侧滑式：抽屉导航是指一些功能菜单按钮隐藏在当前页面后，单击入口或侧滑即可像
拉抽屉一样拉出菜单。这种导航设计比较适合于不需要频繁切换的次要功能，例如对设置、

关于、会员、皮肤设置等功能的隐藏。缺点是需要猜测和记忆被隐藏的功能。

10）时间轴：优点是适合时间线发帖打卡性质的页面，缺点是页面记录信息有限，需要点入后查看。

11）数据可视化：优点是适合各种数据图表展示，缺点是耗费空间，并且开发烦琐。

12）自由添加模块：优点是可以让客户自由定义功能模块，缺点是开发麻烦，客户有学习成本。

8.2.3　低保真原型设计

线框图一般分为低保真、中保真和高保真。

低保真：一般文字加简单的色块线框，标示出大概布局和功能即可，手绘或者 Axure 自带功能即可。

中保真：基本加上了图标的形态，尺寸也比较精确，一些隐藏页面和操作提示会在旁边写明，拥有了简单的逻辑跳转。

高保真：基本和开发出来的上线版本 80% ～ 90% 类似，有细腻的跳转动效，或者交互操作反馈，基本上是没有连接数据库的版本。图 8-7 所示为页面之间的跳转原型交互线框。

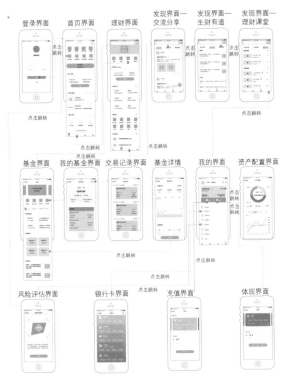

图 8-7　页面之间的跳转原型交互线框

8.2.4　常见的交互跳转手势

交互手势是指用户与界面之间通过特定的手势进行交互。这些手势通常是基于用户在操作设备时常用的手势习惯而设计的，以便提高用户的操作效率和体验。

在许多应用程序和操作系统中，交互手势被广泛使用。例如，滑动、拖动、单击、双击、长按等都是常见的交互手势。通过这些手势，用户可以方便地进行页面导航、选择、编辑和删除等操作。

　　为了满足用户的需求和提高用户体验，许多应用程序和操作系统都在不断优化和改进交互手势的设计。同时，一些新兴的交互方式也在不断涌现，如虚拟现实和增强现实中的手势识别和动作捕捉技术，使得用户可以通过更加自然和直观的方式与界面进行交互。

　　总之，交互手势是现代人机交互的重要组成部分，它使得用户可以更加方便、高效地与界面进行交互，提高了用户的操作体验和效率。

　　常见的手势交互跳转包括以下几种。

　　点击：用户通过点击屏幕上的某个对象或按钮，实现跳转。例如，点击一个链接或按钮，可以打开一个新的页面或功能。

　　滑动：用户通过在屏幕上滑动，实现内容的滚动或页面的切换。例如，在浏览长列表或滚动页面时，用户可以通过滑动来查看更多的内容。

　　长按：用户通过长按屏幕上的某个对象或区域，实现特定的功能或操作。例如，在某些应用中，长按一个图片或文本，可以弹出菜单或进行复制、粘贴等操作。

　　双击：用户通过在屏幕上双击某个对象或按钮，实现特定的功能或操作。例如，在某些应用中，双击一个按钮可以放大或缩小图片。

　　拖动：用户通过按住某个对象或按钮并拖动，实现特定的功能或操作。例如，在某些应用中，拖动一个文件或图片到另一个位置可以实现移动或复制。

　　这些手势交互可以与各种 UI 元素（如按钮、链接、列表、图片等）结合使用，以提供更加直观、自然、高效的用户体验。同时，设计师和开发人员需要根据具体的场景和需求，选择合适的手势交互方式。

　　常见 App 的交互手势如图 8-8 所示。

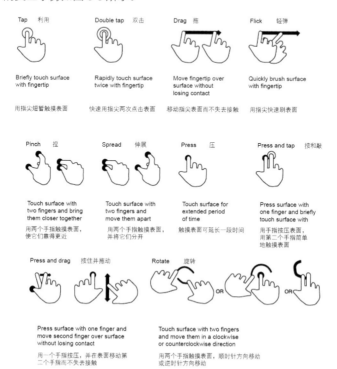

图 8-8　常见 App 的交互跳转手势

　　图 8-9～图 8-12 为视觉客 UEGOOD 学员 App 线框作业展示。做线框要注意合理性，在保证顶部标题栏、状态栏和底部导航栏尽量保持官方系统 App 的尺寸的情况下，可点击区域不要小于 44dpi，也就是手指点击尽量不要按到另一个控件，出现误操作。同类功能和图标控件使用一致的尺寸设计将同类控件集中在一起，不同的功能用不同的间距隔开，颜色尽量使用 5～7 个色阶区分功能块。同类的页面多去收集一些版式，在手绘线框时，仔细推敲，尽量让页面视觉效果好看，交互操作方便合理。

图 8-9　健身 App 线框

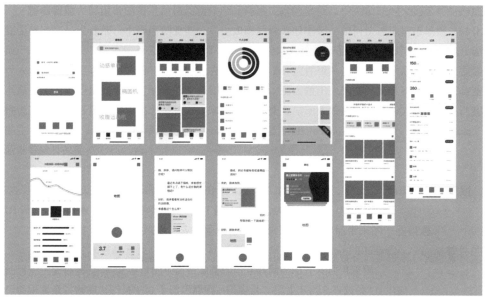

图 8-10　金融 App 线框

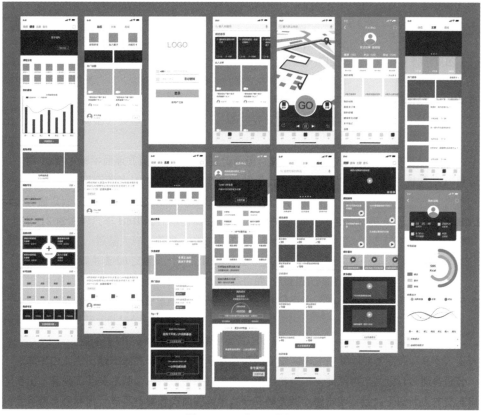

图 8-11　运动 App 线框

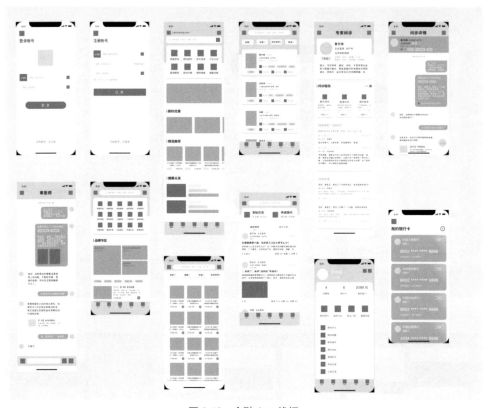

图 8-12　金融 App 线框

第9章

UI 规范及切图适配

本章主要讲解 UI 规范及切图适配。

UI 设计规范包括以下几个方面。

1）界面直观、简洁，操作方便快捷，用户接触软件后对界面上对应的功能一目了然，不需要太多培训就可以方便使用本应用系统。

2）保持字体及颜色一致，避免一套主题出现多个字体，不可修改的字段统一用灰色文字显示。

3）保持页面内元素对齐方式的一致，如果没有特殊情况，应避免同一页面出现多种数据对齐方式。

4）在包含必与选填的页面中，必须在必填项旁边给出醒目标识（*）；各类型数据的输入需要限制文本类型并进行格式校验，如电话号码输入只允许输入数字、邮箱地址需要包含"@"等，在用户输入有误时给出明确提示。

5）可单击的按钮、链接需要切换鼠标手势至手形。

6）保持功能及内容描述一致，避免同一功能描述使用多个词汇，如编辑和修改、新增和增加、删除和清除混用等。

7）显示有意义的出错信息，而不是单纯的程序错误代码。

此外，UI 设计规范还包括对图标、按钮、表单、对话框等具体元素的设计要求。例如，按钮应该具有清晰的标签和良好的可点击性；表单应该具有明确的提示和帮助文本；对话框应该提供明确的操作选项和信息提示等。同时，UI 设计规范还强调用户体验和用户测试的重要性，要求设计师在设计过程中充分考虑用户的需求和习惯，并进行反复的用户测试和反馈，以确保设计的可用性和可访问性。

◆ 9.1 UI 规范

在讲解 UI 规范之前，先了解一下 dp、px、pt 的关系。

px 全称为 pixel，即通常所说的像素，可以这样理解：

1）px 是屏幕上用来显示内容的最基本的点。

2）px 不是自然界的长度单位，一个 px 可以很小，也可以很大，是一种相对长度。

3）屏幕横向、纵向分布 px 的数量，称为分辨率。比如 1920×1080 分辨率的实际含义是：显示器面板横向分布了 1920 个 px，纵向分布了 1080 个 px。

pt 是 point 的简写形式，是专用的印刷单位，使用 Photoshop 做海报时的字体单位就是 pt。pt 是一个自然界标准的长度单位，可以被丈量，是一种绝对长度，1pt 的大小为 1/72 英寸，1 英寸为 2.54 厘米，所以 1pt 约为 0.35 毫米。

dp 全称为 density-independent pixel，可以理解为是一种独立于 px 之外的设计单位，是 Android 系统用来给设计师做基础设计使用的，也可以根据公式变换成 px。

dp 同 pt 一样，1dp 在任何设备上的大小都应该是一样的。dp 和 px 的转换方式是：dp = ppi/160 px。

另外，Android 常见的分辨率单位有 mdpi 、hdpi 、xhdpi、xxhdpi。

App UI 规范一般头部写明 App 名字，适配图片尺寸，一般以 1 倍 dp 或者 2 倍 px 来做规范，如图 9-1 所示。

图 9-1　App UI 规范案例

1. 标准色信息层级

标准色信息层级如图 9-2 所示。

▌01 标准色

产品配色方案，决定了用户直观的视觉体验。

	颜色	色值	使用场景
主色		#4694ED–#2CD3DE	**LOGO色、主体色、按钮等，重点强调突出** 如顶部导航栏、按钮以及界面背景色等
辅助色		#39AFFF	**用于应用中的按钮、强调文字、ICON等** 如购物篮、功能按键
		#FF3B3B	**用于标注商品价格、文字** 如商城页、商品展示页
文本色		#FFFFFF	**用于一级文字信息、反白文字** 如顶部导航栏的文字、登录页及各类标题
		#6E6E6E	**用于选中文字信息** 如搜索记录、历史记录等
		#8F8F8F	**用于辅助说明文字信息** 如医生介绍等
分割线		#3EB1FF	*模块分割线*
		#D8D8D8	*模块分割线*
		#FFFFFF	*模块分割线*

图 9-2　标准色信息层级

2. 标准字信息层级

标准字信息层级如图 9-3 和图 9-4 所示。

示例：

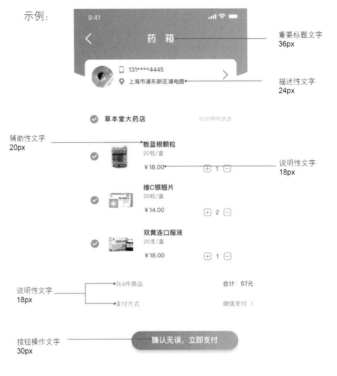

图 9-3　标准字信息层级 1

示例：

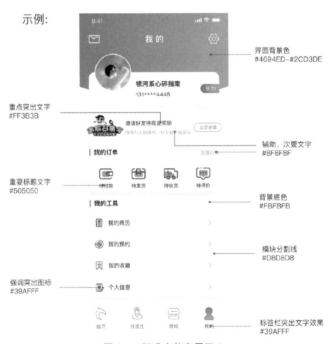

图 9-4　标准字信息层级 2

|02 标准字

在此设计稿中，中文与英文的字体为：PingFang SC。

样式	字号	使用场景
标准字	36px	**重要标题选中状态** 如顶部导航标签
标准字	32px	**次要标题选中状态** 如子导航栏名称等
标准字	30px	**操作按钮** 如显示更多等
标准字	28px	**一级标题** 如商城药品大标题等
标准字	24px	**用于大多数文字** 如描述性文字、子导航栏等文字
标准字	20px	**用于辅助性文字** 如装饰描述性文字等
标准字	18px	**用于说明性文字** 如卡片里的描述文字及小标题

图 9-4　标准字信息层级 2（续）

3. 图标尺寸信息层级和功能图标分类

图标尺寸信息层级和功能图标分类如图 9-5 所示。

|03 图标

A. 底部状态栏图标（功能性图标）

代表可操作的某些功能，包含默认、激活两种状态，用于点击，需要用户操作。
线性图标均为2px描边，绘制路径矢量图标时，以保证切图图标不变。

默认状态

选中状态

B. 首页分类图标（功能性图标）

代表可操作的某些功能，包含默认、激活两种状态。用于点击，需要用户操作。
线性图标均为2px描边，绘制路径矢量图标时，以保证切图图标不变。

主页快速入口

商城快速入口

我的快速入口

C. 适应性小图标　用于指示，无需用户操作

图 9-5　图标尺寸信息层级和功能图标分类

4. 控件尺寸和控件状态

控件尺寸和控件状态规范如图 9-6 所示。

05 页面布局

针对iOS版本

顶部状态栏高度：40px

导航栏高度：88px

导航栏下滑tab高度：80px

底部tab_bar高度：98px

内容块之间最小间距：16px

屏幕左右与内容间距：24px

常规内容块高度：88px

小标题栏高度：64px

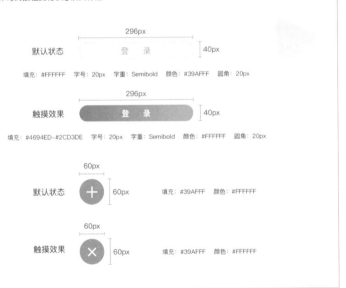

图 9-6　控制尺寸和控件状态规范

5. 页面尺寸

页面尺寸规范如图 9-7 ～图 9-10 所示。

商城商品栏：设计尺寸 375×812dp。

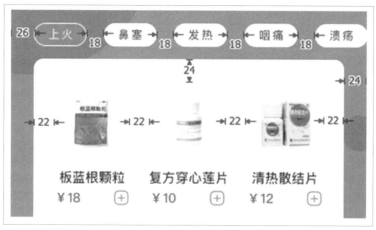

图 9-7　商城商品栏页面尺寸

分类栏快速入口：设计尺寸 375×812dp。

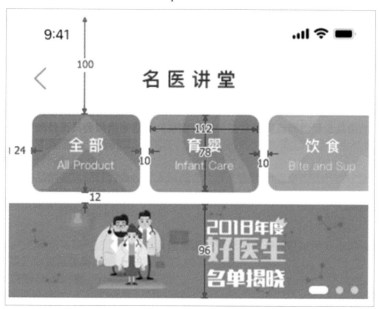

图 9-8　分类栏快速入口页面尺寸

搜索栏：设计尺寸 375×812dp。

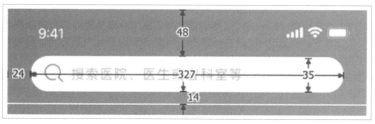

图 9-9　搜索栏页面尺寸

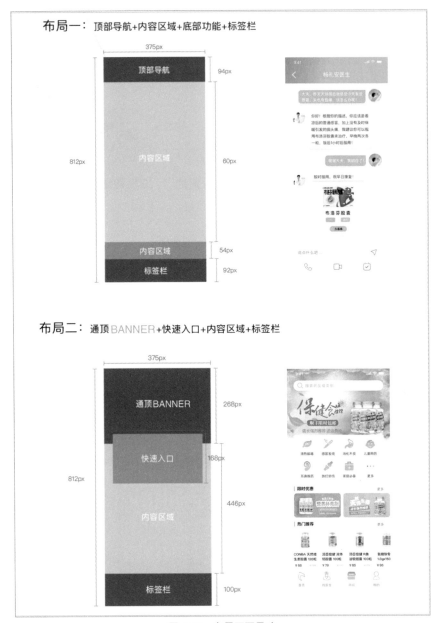

图 9-10　布局页面尺寸

众所周知，一套完整的 App 通常有很多张切图，iPhone 需要 1x、2x、3x 图片文件，Android 需要至少 3 种：hdpi、xhdpi、xxhdpi。所以，制定一套非常有效而方便的 App 切图命名范非常有用。

iOS 需要给到的程序员切片资源常见为 2 套：2x 切图（以 750px 为宽度尺寸基准切图）、3x 切图（以 1242px 为宽度尺寸基准切图）坐标标注图，一般 UI 的标注以 750px 2 倍图为坐标标注图（以 750px 为宽度尺寸基准标注）。

图 9-11 所示为苹果 iOS 屏幕适配表。图 9-12 所示为 iOS 平台常见的 UI 画布尺寸。

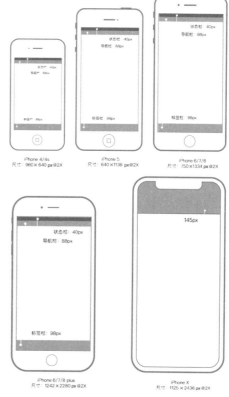

图 9-11　苹果 iOS 屏幕适配表

图 9-12　iOS 平台常见的 UI 画布尺寸

图 9-13 所示为单位换算表。

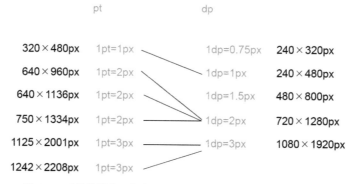

图 9-13　单位换算表：左边是苹果 iOS 系统，右边是 Android 系统

　　pt 和 dp 系统是程序员把资源进行换算后，只用一套代码比例来管理 3 个尺寸的素材的一种换算方法。在 1 倍图的情况下，1dp=1pt=1px；在 2 倍图的情况下，1dp=1pt=2px；在 3倍图的情况下，1dp=1pt=3px。在换算 px 和 dp 之间的比例，以及与程序员沟通尺寸和坐标时，需要说明这个切片是在几倍图下的。图 9-14 所示为双平台多分辨率适配优先级方案。

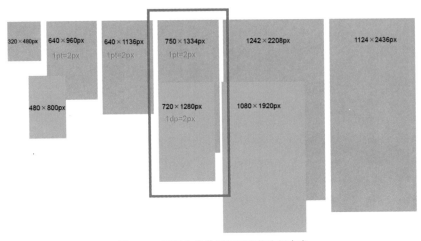

图 9-14　双平台多分辨率适配优先级方案

一套图适配 2 个平台多套分辨率。如果 iOS 和 Android 都要适配的话，一般先做 iOS 750×1334px 版，再使用切图工具 CUTTERMAN（这是免费软件，官网上有下载和教程）切 2 倍图和 3 倍图。再缩放源文件到 720×1280px，再切 3 套 Android：1.5 倍、2 倍和 3 倍图。iPhone X 的尺寸因为用户少，有些公司不制作这个分辨率。

图 9-15 和图 9-16 所示分别为苹果 UI 界面和 UI 图标尺寸规范。

iPhone尺寸规范（界面和图标）

图标分类	分辨率		尺寸	PPI	状态栏高度	导航栏高度	标签栏高度
iPhone X	1242 X 2208px	375 X 812pt	5.8in	458ppi	132px	132px	147px
iPhone 6+,6S+,7+,8+	750 X 1334px	414 X 736pt	5.5in	401ppi	60px	132px	146px
iPhone 6,6S,7,8	640 X 1136px	375 X 667pt	4.7in	326ppi	40px	88px	98px
iPhone 5,5S,5C,SE	640 X 1136px	320 X 568pt	4.0in	326ppi	40px	88px	98px
iPhone 4,4S	640 X 960px	320 X 480pt	3.5in	326ppi	40px	88px	98px
iPhone 2G,3G,3GS	320 X 480px	320 X 480pt	3.5in	163ppi	20px	44px	49px

图 9-15　苹果 UI 界面尺寸规范

iPhone图标尺寸规范

设备	App store	主屏幕图标	设置	Spotlight	通知	工具栏和导航栏
iPhone X（@3x）	1024 X 1024px	180 X 180px	87 X 87px	120 X 120px	60 X 60px	75 X 75px
iPhone 6+,6S+,7+,8+（@3x）	1024 X 1024px	180 X 180px	87 X 87px	120 X 120px	60 X 60px	75 X 75px
iPhone 6,6S,7,8（@2x）	1024 X 1024px	120 X 120px	58 X 58px	80 X 80px	40 X 40px	50 X 50px
iPhone 5,5S,5C,SE（@3x）	1024 X 1024px	120 X 120px	58 X 58px	80 X 80px	40 X 40px	50 X 50px
iPhone 4,4S（@2x）	1024 X 1024px	120 X 120px	58 X 58px	80 X 80px	40 X 40px	50 X 50px

图 9-16　苹果 UI 图标尺寸规范

切图的注意事项如下。

在 750px 下，2 倍图的切片尽量为偶数，标注像素和间距尽量也为偶数，如果非要有奇数，请保证左边的像素为偶数，右边的像素为奇数。

图标和控件的切片的图片格式为 24 位带 8 位透明通道的 .png，少数 BANNER 类和运营类图片可以为 .png，动画尽可能用 .png 序列帧，尽可能不要使用 GIF 图片格式。

iOS 图片的命名规范是，图片资源需要备有 1 倍图、2 倍图、3 倍图，3 倍图命名规则为添加后缀 @Nx；2 倍图命名规则为添加后缀 @2x。

例如，1 倍图为 icon.png，2 倍图为 icon@2x.png，3 倍图为 icon@3x.png。

Android 目前常见的有 3 种不同的 dpi 模式：hdpi、xhdpi 和 xxhdpi，分别为 1.5 倍、2 倍和 3 倍。图 9-17 所示为 iOS 苹果图标规范示例。

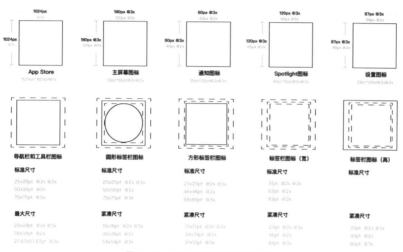

图 9-17　iOS 苹果图标规范示例

苹果启动图标设计 1024×1024px，.png 格式，常见的 2 倍图标为 120×120px，3 倍图标为 180×180px，透明的部分补白色。苹果的字体一般是苹方，尺寸如图 9-18 所示。

● 字体font:中文-苹方;英文-SanFrancisco

● 样式 Style:不加粗，加粗。

● 大小 size.（具体视情况而定）

[36px] 顶部导航栏-栏目名称

[30px] 标题-加粗，按钮；

[28px] 主要文字；

[24px] 辅助文字；

[22px] 次要文字-底部菜单文字；

[18px] 提示文字。

图 9-18　iOS 苹果字体规范

切片的命名规则为：模块 _ 类别 _ 功能 _ 状态 .png，如 nav_button_search_ normal.png。切片命名规范如图 9-19 所示。

头部：header	登录：login	背景：bg/background
导航栏：nav	注册：register	用户：user
菜单栏：tab	编辑：eidt	图片：img
内容：content	删除：delete	广告：banner
左/中/右：left/center/right	返回：back	图标：icon
标题：title	下载：download	注释：note
底部：footer	弹出：pop	搜索：search
模块：mod	提示信息：msg	按钮：button

图 9-19　切片命名规范

◆ 9.2　UI 适配

　　UI 设计适配主要是指在设计界面时，采用一种或多种技术，使得 UI 能够根据不同尺寸和分辨率的屏幕大小自动调整布局、比例和字体大小等，从而在各种不同设备上都能够呈现出完美的显示效果。

　　在具体的适配过程中，设计师需要考虑不同设备的屏幕尺寸、比例及分辨率等因素，以确保 UI 在不同的设备上都能够得到良好的展示效果。例如，对于不同尺寸的屏幕，设计师可以通过调整布局、缩放和间距等参数来实现适配；对于不同分辨率的屏幕，设计师可以调整字体大小和图片的清晰度等参数来实现适配。

　　此外，UI 设计适配还需要考虑用户的使用习惯和体验。设计师应该尽可能地满足用户的需求，让用户在使用不同设备时都能够方便地使用 UI 界面。同时，设计师还需要关注 UI 的可读性、一致性和美观性等方面，以确保用户能够轻松阅读和理解界面内容，并享受到相似的使用体验。

　　为了实现 UI 设计适配，设计师可以使用一些技术和工具。例如，媒体查询是一种 CSS 技术，用于基于屏幕大小设置页面元素的样式。通过查询媒体，可以针对不同大小的屏幕使用不同的样式，从而实现自适应布局。此外，设计师还可以使用响应式布局和流式布局等技术来实现 UI 的适配。

　　总之，UI 设计适配是确保用户体验的重要环节之一。设计师需要综合考虑不同设备的屏幕尺寸、比例和分辨率等因素，以及用户的使用习惯和体验，来设计和调整 UI 界面，以实现良好的适配效果。

　　对于 Android，目前基本以 720px 的 2 倍图为基础坐标标注图，也有一些公司开始直接做 1080px 的 3 倍资源了。

　　首先在 720×1280px 下进行切图，可以完全适配 720×1280px 的机型。

　　分别适配 1.5 倍 480×800px、2 倍 720×1280px 和 3 倍 1080×1092px 的图标。

　　图 9-20 所示为 Android 屏幕适配尺寸。

名称	分辨率	比率(针对320px)	比率(针对640px)	比率(针对750px)
idpi	240×320	0.75	0.375	0.32
mdpi	240×480	1	0.5	0.4267
hdpi	480×800	1.5	0.75	0.64
xhdpi	720×1280	2.25	1.125	1.042
xxhdpi	1080×1920	3.375	1.6875	1.5

图 9-20　Android 屏幕适配尺寸

第
10
章

7 种常见 App 实例讲解

本章主要讲解 7 种常见的不同功能类型的 App 设计。

常见的 App 与小程序类型包括以下几种。

1）桌面软件，如 Office、QQ 客户端等。

2）Web 软件，如淘宝、网易云音乐网站等。

3）移动 App，如微信、网易云音乐 App 等。

4）小程序，如"饿了么"小程序等。

5）物联网设备，如智能手环、智能手表、充电桩等。

此外，还有一些其他类型的软件系统，如微信小程序、字节跳动小程序、支付宝小程序、百度智能小程序、京东小程序和快应用等。这些小程序可以实现在微信、字节跳动、支付宝等平台上的功能，如支付、定位等。同时，百度智能小程序可以在百度旗下的部分 App 中打开，如百度地图、百度等。

1. 运动健身类 App

一般使用酷炫的配色，图标比较时尚，以动效为主。

视觉客 UEGOOD 实训基地学员作品节选，如图 10-1 所示。

图 10-1　运动健身类 App

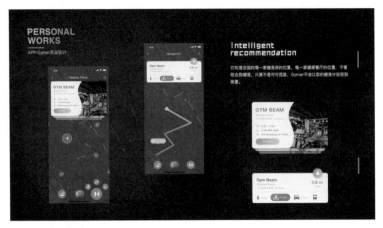

图 10-1　运动健身类 App（续）

2. 医疗类 App

以蓝白或者绿白为主，排版要清爽。

视觉客 UEGOOD 实训基地学员作品节选，如图 10-2 所示。

图 10-2　医疗类 App

图 10-2　医疗类 App（续）

图 10-2　医疗类 App（续）

3. 金融类 App

一般以红色、橙色、蓝色、紫色和土豪金为主。

视觉客 UEGOOD 实训基地学员作品节选，如图 10-3 所示。

图 10-3　金融类 App

图 10-3　金融类 App（续）

4. 音乐类 App

一般以马卡龙或者其他炫酷的配色为主。

视觉客 UEGOOD 实训基地学员作品节选，如图 10-4 和图 10-5 所示。

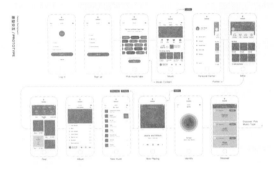

图 10-4　音乐类 App 1

图 10-5 音乐类 App 2

图 10-5　音乐类 App 2（续）

5. 美食类 App

一般以嫩黄色、嫩绿色、烘焙色或者粉红色为主。

视觉客 UEGOOD 实训基地学员作品节选，如图 10-6 所示。

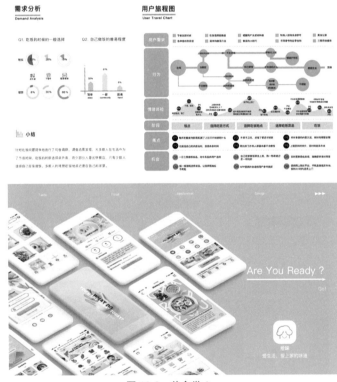

图 10-6　美食类 App

6. 购物类 App

以红色、橙色或者黑白为主。

视觉客 UEGOOD 实训基地学员作品节选，如图 10-7 所示。

图 10-7　购物类 App

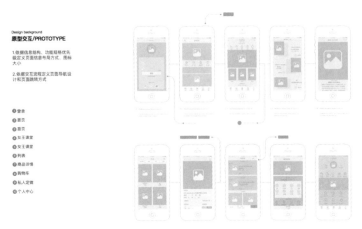

图 10-7　购物类 App（续）

7. 旅游类 App

以绿色、蓝色为主。

视觉客 UEGOOD 实训基地学员作品节选，如图 10-8 所示。

图 10-8　旅游类 App

图 10-8　旅游类 App（续）

网站 UI 设计及通用模块版式

本章主要讲解网站 UI 设计及通用模块的版式。

网站 UI 设计是指用户界面设计，主要关注网站的用户体验和美观程度。以下是网站 UI 设计的一些基本原则和技巧。

1）简洁明了：设计时应该尽量简洁，避免过多的信息和元素，使用户能够快速找到所需的信息和功能。

2）易于操作：设计应该易于操作，用户能够轻松地完成各种任务，如浏览、搜索、购买等。

3）一致性：设计应该保持一致性，使用相同的布局、颜色、字体等，使用户能够快速适应并理解网站。

4）美观大方：设计应该美观大方，能够吸引用户的注意力并提高用户的满意度。

5）交互性强：设计应该具有交互性，使用户能够与网站进行互动，如填写表单、提交意见等。

6）响应式设计：设计应该能够适应不同的设备和屏幕尺寸，使用户能够在任何设备上方便地访问网站。

7）符合用户习惯：设计应该符合用户的习惯和需求，如使用下拉菜单、点击按钮等。

8）突出重点：设计应该突出重点，使用户能够快速找到网站的核心内容和重要信息。

9）可定制性：设计应该可定制，根据不同的需求和品牌形象进行定制化设计。

10）测试和优化：设计应该经过测试和优化，确保其在实际使用中的可靠性和稳定性。

◆ 11.1 常见的网站种类

网站的种类有很多，可以从不同角度进行分类。以下是常见的几种分类方法。

1）大型门户类网站：主要提供资讯类内容，包括综合性门户网站，如搜狐、新浪等，以及垂直性门户网站，如服务于特定行业的网站、医药门户等。

2）展示型网站：主要展示公司的形象、品牌等，如知名大公司的官网。

3）营销型网站：主要目的是引导顾客关注、发起反馈的说服性网站，如常见的美容整形类网站。适合于多数企业或个人，尤其是中小企业。

4）交易型网站：主要为提供在线交易的网站，如淘宝、天猫、华为商城等。大多数电商网站是这种类型。

5）服务型网站：提供服务查询等，主要以政务类网站为主。

此外，根据网站所服务的对象和目的，还可以分为企业网站、电子商务网站、地方门户网站、资讯类网站、娱乐类网站等。不同类型的网站在建站要素、功能特点和服务内容等方面也存在差异。

下面分别对几种常见的网站类型进行说明和介绍。

1. 大型门户网站

国内知名的新浪、搜狐、网易、腾讯等都属于大型门户网站。大型门户网站类型的特点是网站信息量非常大——海量信息，同时网站以咨询、新闻等内容为主。网站内容比较全面，包括很多分支模块和信息，如房产、经济、科技、旅游等。大型门户网站通常访问量非常大，每天有数千万甚至上亿的访问量，是互联网最重要的组成部分。

2. 展示型的企业官网

企业官网是一家企业在网上的虚拟门面，体现企业本身的优势和个性，用企业 VI 色、LOGO 及整体设计，来提升企业对外的品牌建设。一个优秀的企业网站是企业的一张名片，好的企业网站可以提高企业的知名度，有利于业务的直接转化，提高业务转化率。网站关键词排名，尤其是关键业务排名，再加上优秀的营销型落地页，可以为企业直接带来订单。企业几乎可以把任何想让客户及公众知道的内容都放入网站中，如产品服务、企业历史、企业文化、联系方式、团队介绍、企业优势和新闻动态等。

这需要设计者具有良好的设计基础和审美能力，能够努力挖掘企业深层的内涵，展示企业文化。这种类型的首页在设计过程中一定要明确，以设计为主导，通过色彩和布局给访问者留下深刻的印象。

3. 交易型的电子商务网站（B2B、B2C、O2O）

电子商务网站是基于浏览器 / 服务器应用方式，买卖双方不谋面而进行的各种商贸活动，实现消费者的网上购物、商户之间的网上交易和在线电子支付，以及各种商务活动、交易活动、金融活动和相关的综合服务活动的一种新型的商业运营模式。企业建立电子商务网站后，可以实现广告宣传、业务咨询、网上订购、网上支付、建立电子账户、售后服务、意见征询和交易管理等。交易类网站按业务可分为 B2B、B2C、C2C 等类型。

4. 营销型的运营活动网站

即按照不同的活动推广目的，设计对应主题和活动的页面，并满足重要性、可行性、时效性等因素。

比如旅游网站的时效性旅游线路，电商网站的"双十一""6·18"等活动，或者邀请新人、发放优惠券、团购优惠等页面，内容包括活动时间、地点、参加的人员、主办单位、承办单位、活动规则、兑奖方式、推广产品、优惠方式、合作伙伴和媒体宣传等。其目的包括但不限于促销、拉新、召回、留存和转化等。

5. 服务型的 PC 软件或 Web 后台控制页

后台界面设计一般是指对软件的数据进行管理和运营的后台页面，如电商数据后台、OA 系统、客户管理系统、物流系统、广告投放系统、网站及 App 运营内容管理系统等。按照企业的业务，有各种各样目的的后台，目的是数据的展示统计，增、删、查、改，对数据可视化要求高，公共控件多，按钮状态及图标要寓意明确，偏功能性。

◆ 11.2　网页通用各模块版式

网站模块是构成网站的基本组成部分，通常包括前台模块和后台模块。

前台模块通常包括以下几种功能。

1）用户注册和登录：用户可以在网站上注册账户并登录，以便在网站上执行操作。

2）网站内容浏览：用户可以在网站上浏览各种类型的内容，如文本、图片、视频等。

3）信息发布：网站管理员可以在网站上发布各种类型的信息，如新闻、产品、招聘信息等。

4）用户反馈：用户可以在网站上提交反馈或投诉，以便网站管理员了解用户需求并改进网站。

后台模块通常包括以下几种功能。

1）网站管理：网站管理员可以在后台模块中管理整个网站，如添加、编辑、删除内容等。

2）用户管理：网站管理员可以在后台模块中管理用户账户，如创建、编辑、删除用户等。

3）数据分析：网站管理员可以在后台模块中查看网站的数据分析结果，如访问量、用户行为等。

4）安全控制：网站管理员可以在后台模块中设置安全控制措施，如密码重置、异常登录等。

除此之外，一些网站还可能包含其他特定的模块，如电子商务模块、社交模块等。这些模块通常是为了满足特定网站的需求而开发的。

下面将对网站的前台模块中的导航栏、BANNER、内容、底栏的页面布局展开讲解。

常见的网页导航条布局如图 11-1 所示。

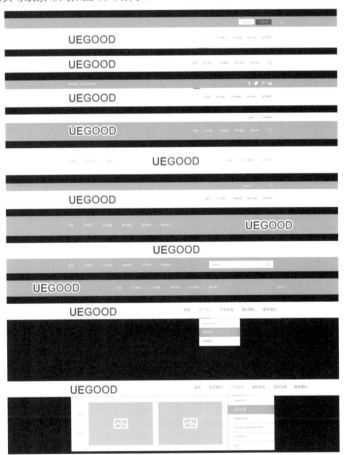

图 11-1　常见的网页导航条布局

常见的网页 BANNER 布局如图 11-2 所示。

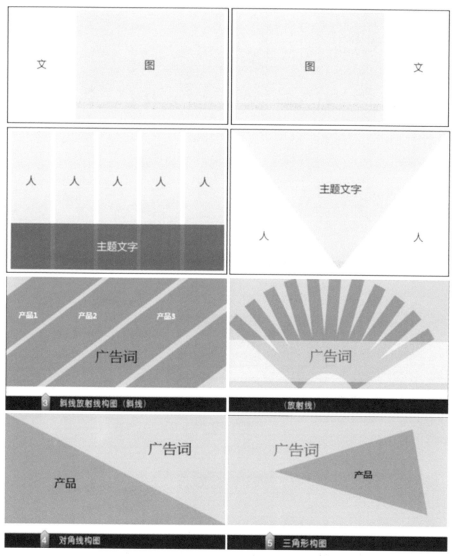

图 11-2 常见的网页 BANNER 布局

常见的网页内容结构布局如图 11-3 所示。

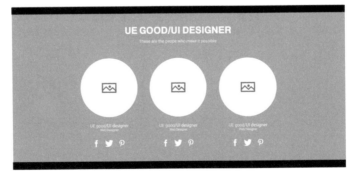

图 11-3　常见的网页内容结构布局

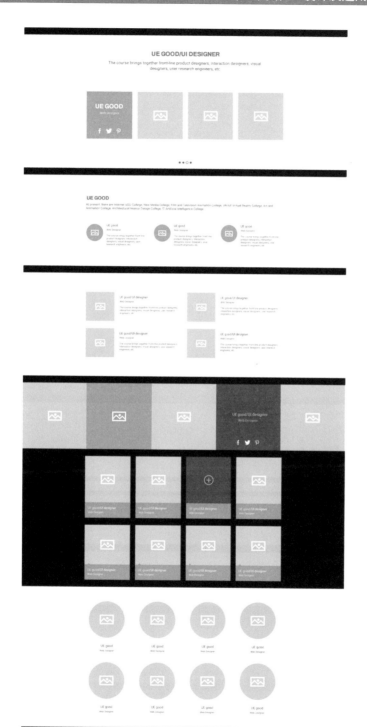

图 11-3　常见的网页内容结构布局（续）

常见的网页底部布局如图 11-4 所示。

图 11-4　常见的网页底部布局

在页面底部需要有网站的版权信息区，其中包含版权声明、工信部网站备案号等。

第12章

章

网站设计流行风格与 UI 规范

本章讲解网站的 8 种常见风格及网页 UI 设计规范。

网站设计风格是指网站在视觉和感官上的表现形式，它可以反映网站的特点、个性和品位。下面讲解一些常见的网站设计风格。

极简风格：以简洁明了为主，注重布局和元素的精简，以清晰明了的视觉效果呈现信息，让用户能够快速找到所需信息。

扁平化风格：追求简约、现代和干净的设计风格，通过简单的线条和图形表现形式，强调信息传达的直观性和清晰度。

立体风格：利用透视和阴影等手法营造出三维效果，增强网站的层次感和空间感，提升网站的视觉冲击力。

手绘风格：采用手绘或手写字体等手法表现，呈现出一种自然、随性、富有情感的设计风格，给人一种亲切感和个性化体验。

科技风格：以冷色调为主，注重线条和图形的简洁、流畅和现代感，营造出一种未来感和科技感，适合科技类网站的定位。

企业风格：注重规范、统一和严谨的设计风格，以稳重的色彩和图形表现形式呈现企业的形象和实力，营造出一种专业感和信赖感。

可爱风格：采用柔和、温馨的色彩和可爱的图形表现形式，呈现出一种亲和力强、温馨可爱的设计风格，适合女性用品或儿童用品等网站的定位。

复古风格：追求古典、优雅和精致的设计风格，通过复古的元素和色调表现历史感和文化底蕴，给人一种高贵、典雅的视觉感受。

以上仅是一些常见的网站设计风格，设计风格的选择应根据网站的定位、目标用户和品牌形象等因素综合考虑。接下来讲目前比较流行的网站设计风格。

◆ 12.1　8 种常见的网页设计风格

1. 蓝白科技设计风格

多用于官网及科技类企业网站，如图 12-1 所示。

图 12-1　蓝白科技设计风格

2. 女性柔美设计风格

多用于女性类服饰化妆品等网页，如图 12-2 所示。

■ 设计规范

● 颜色

商品是重点，页面搭建的颜色需要衬托和突出商品信息。主要作用是渲染气氛，色调上以灰色调为主，点缀亮色以活跃氛围。

#f7accb 温柔的皮粉　　#eeeeee 安静的冷灰　　#fe4c7f 活泼的桃红

● 字体

电商物品详情较为丰富，内容文字不宜过大。个别重要突出信息可用大的字体形成视觉对比引起视觉焦点。

Aa	80px	用于重要信息强调
Aa	60px	用于一般标题
Aa	35px	用于导航栏、商品名
Aa	25px	用于商品详情描述

■ 界面设计

图 12-2　女性柔美设计风格

图 12-2　女性柔美设计风格（续）

3. 高端黑金设计风格

多用于高端奢侈品及盛典聚会类网页，如图 12-3 所示。

图 12-3　高端黑金设计风格

图 12-3　高端黑金设计风格（续）

4. 中国风设计风格

多用于传统文化元素相关产品网页，如图 12-4 所示。

图 12-4　中国风设计风格

图 12-4　中国风设计风格（续）

5. 欧美大色块风格

多用于时尚概念产品相关产品网页，如图 12-5 所示。

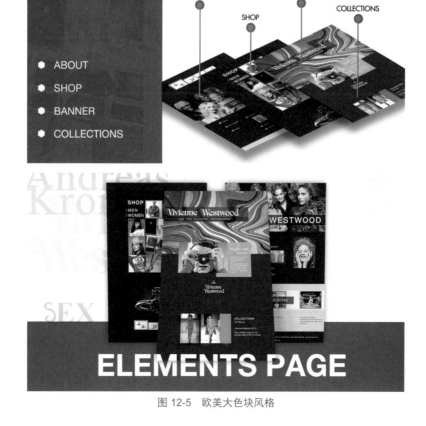

图 12-5　欧美大色块风格

图 12-5　欧美大色块风格（续）

6. 日韩小清新风格

马卡龙色系或者绿植系网站适合轻松愉快的产品或者无印良品风格，如图 12-6 所示。

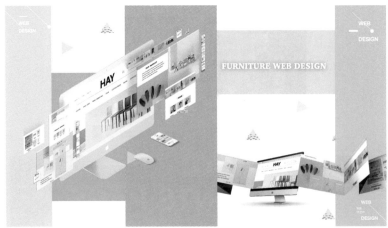

图 12-6　日韩小清新风格

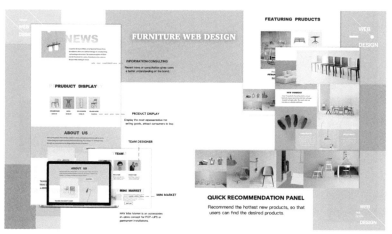

图 12-6　日韩小清新风格（续）

7. 北欧风格 (极简风)

适合高端或者小众追求自我个性表达的产品设计，如图 12-7 所示。

图 12-7　北欧风格

图 12-7　北欧风格（续）

8. 彩虹炫彩风格

适合个性强烈时尚的产品设计，如图 12-8 所示。

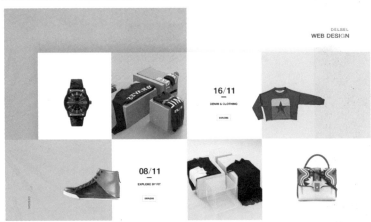

图 12-8　彩虹炫彩风格

图 12-8　彩虹炫彩风格（续）

◆ 12.2　网站 UI 规范建立

整体来讲，网站 UI 规范是指在网站设计中约定俗成的标准和规则，包括布局、色彩、字体、图标等方面。

建立视觉规范的意义如下。

1）统一识别：规范能使页面相同属性单元识别统一，防止混乱，甚至出现严重错误，避免用户在浏览时理解困难。

2）节约资源：除活动推广等个性页面，设计其他页面使用本规范标准能极大地减少设计时间，达到节约资源的目的。

3）重复利用：相同属性单元、页面新建时可执行此标准重复利用，减少无关信息，即减少对主体信息传达的干扰，利于阅读与信息传递。

4）上手简单：在招收、加入新设计师或前端时，查看标准能使工作上手更快，减少出错。

以下是网站 UI 规范的一些基本内容。

布局：采用清晰、简洁的布局，避免过于复杂的设计元素，以突出网站的内容和信息。

色彩：使用和谐、对比度适中的色彩搭配，以提升网站的视觉效果和用户体验。

字体：选择易于阅读、专业且与网站主题相符的字体，以增强网站的可读性和品牌形象。

图标：使用简洁、易于理解的图标，以方便用户快速找到所需的信息。

响应式设计：根据不同设备的屏幕尺寸和分辨率，采用响应式布局，以适应各种设备，提高用户体验。

页面元素：保持页面元素的一致性，如按钮、表单、图像等，以提高用户对网站的熟悉度和信任感。

导航：设计清晰的导航结构，使用户能够快速找到所需的信息，提高网站的可访问性和易用性。

信息层次结构：合理安排信息的层次结构，使用户能够快速了解网站的内容和结构。

图片使用：使用高质量的图片，以提升网站的视觉效果和用户体验。

交互设计：考虑用户的交互需求，设计易于操作的界面和交互方式，以提高用户对网站的满意度。

以上是网站 UI 规范的一些基本内容，当然，具体的规范还要根据不同的网站需求和目标受众进行调整和完善。接下来阐述几个比较重要的网站设计规范事项。

1）字体和排版方案，包括每个部分的字体类型、尺寸、字重以及具体用法。

例如，网页常用的 9 种字体，中文：思源体、黑体、等线体、苹方体、宋体；英文：Arial、Tahoma、Helvetica、Georgia。

2）配色方案，包括每种色彩的具体参数，以及其他可接受的色调，包括背景色、主题色等。

3）网站 LOGO，包括它的样式、变体、尺寸及位置的说明。

4）网站文案、关键词的选择和文案的风格。

5）网站按钮的各个状态和尺寸、社交媒体图片的尺寸等。

6）网站图片使用规范，包括尺寸色彩、裁剪规则和视觉表现方面的标准。

7）网站 SEO 信息，如可选的标签和关键词。

8）网站栅格标准，主要用作网页排版和响应式适配。

9）网站空间与留白方面的说明，以及设计的松紧度等。

10）网站隐藏状态说明，设计开发中会有疑问的点。

第

13

章

网站公共控件及交互事件

本章讲解网站的公共控件及交互事件，主要包括网站地图与模块设计、网页常见的控件类型和网页常见的交互事件。

◆ 13.1 网站地图与模块设计

网站地图又名 Site Map，网站地图呈树状结构，以主页为树的根节点。网站地图采用树结构的优点是，可以让人们对产品的整体模块和不同栏目、功能单元有一个清晰的认识。网站地图有扁平化模块的，也有纵向深入型和复杂深度型。

网站地图一般分为两种，一种是给搜索引擎看的，一种是给用户看的，前者帮助搜索引擎更好地收录你的网站，后者帮助用户更好地了解你的网站整体结构，更快地找到他们想要找的内容。

图 13-1 所示为 Web 端设计组件分类。

图 13-1　Web 端设计组件分类

◆ 13.2　网页常见的控件类型

网站的公共控件包括以下几个。

Button（按钮）：可以控制按钮的可用性和显示状态。

CheckBox（复选框）和 CheckListBox（复选框组）：用于多选操作。

ComboBox（下拉框）：可以添加数据并设置选中的选项。

DateTimePicker（日期时间选择器）：用于选择日期和时间。

Label（标签）：用于显示文本信息。

LinkLabel（链接标签）：用于显示超链接。

ListBox（列表框）：用于显示选项列表，并可以设置多选或单选模式。

这些公共控件可以方便地用于网页设计和开发中，从而提高网页的用户体验和交互性。

1. 常见控件

常见的网页 UI 控件包括：Label（标签）、ScrollView（滚动视图）、ScrollBar（滚动条）、Mask（遮罩）、Button（按钮）、ProgressBar（进度条）、EditBox（输入框）、CheckBox（复选框）、Image（图片）、List（列表）、Menu（菜单）、Navigation （导航）、Tab（标签）、Toast（提示）、Alert（警示提示）、Dialog（对话框）、Divider（分割线）、Timepicker（时间选择器）等。

各类网页 UI 控件还会自带样式，可以为同样的功能设计多种样式，如时间选择器。

2. 页面操作触发事件

按钮属性用于设置当按钮处在普通（Normal）、按下（Pressed）、悬停（Hover）和禁用（Disabled）4 种状态时的状态。

Toast（提示框）的消息提示分类共有 3 种类型：成功类、失败类和常规类。

3. 网页端表单的 5 种操作状态

网页端表单的 5 种操作状态为：标签→输入框→反馈→动作→帮助。

标签：提示当前表单是做什么的。

输入框：用来输入信息。

反馈：用户做了动作之后，界面回馈用户的信息。

动作：表单中的按钮，帮助人机操作的按键。

帮助：辅助用户了解用户功能的信息。

4. 反馈信息的类型

Push 是指系统的通知，从下到上弹出。

Toast 自己出现，自己消失，时间只有 1 秒，文字简短，只有一行。

Tips 是 App 内部或者网站内部由顶部往下而来的通知。Tips 可以系统关闭，Push 一般不能关闭。

下拉菜单和边栏一般采取递进形式，每个层级只有一个关键字段信息。

Disable 状态的提示，可单击状态，用颜色的灰度来提示 UI 设计人员或者研发人员是不可用的。

◆ 13.3　网页常见的事件

网站交互事件是指用户与网站页面进行交互时发生的行为或操作。这些交互事件包括以下几种。

鼠标事件：如点击、悬停、移动、拖曳等。

键盘事件：如按下、释放、输入等。

触摸事件：如在触摸屏设备上的滑动、点击等。

表单事件：如输入、选择、提交等。

页面事件：如加载、滚动、关闭等。

这些交互事件可以通过 JavaScript 等前端技术进行处理和响应，以便实现各种交互效果和功能。例如，当用户单击一个按钮时，可以触发一个鼠标事件，然后通过 JavaScript 代码来处理这个事件，并执行相应的操作。

1. UI 事件：当用户与页面上的元素交互时触发

焦点事件：当元素获得或失去焦点时触发。

鼠标事件：当用户通过鼠标在页面上执行操作时触发。

滚轮事件：当使用鼠标滚轮时触发。

文本事件：当在文档中输入文本时触发。

键盘事件：当用户通过键盘在页面上执行操作时触发。

2. 变动事件：当底层 DOM 结构发生变化时触发

load：当页面完全加载后在 window 上面触发；当所有框架都加载完毕时在框架集上面触发；当图像加载完毕时在 <img> 上面触发；或者当嵌入的内容加载完毕时在 <object> 元素上面触发。

unload：当页面完全卸载后在 window 上面触发；当所有框架卸载后在框架集上面触发；或者当嵌入的内容卸载完毕后在 <object> 元素上面触发。

abort：在用户停止下载过程时，如果嵌入的内容没有加载完，则在 <object> 元素上触发。

error：当发生 JavaScript 错误时在 window 上触发，当无法加载图像时在 <img> 元素上触发，当无法加载嵌入内容时在 <object> 内容上触发。

select：当用户选择文本框（<input> 或 <textarea>）中的一个或多个字符时触发。

resize：当窗口或框架的大小变化时在 window 或框架上面触发。

scroll：当用户滚动带滚动条的元素中的内容时，在该元素上面触发。当焦点从页面的一个元素移动到另一个元素时，会依次触发下列事件。

focusout：在失去焦点的元素上触发。

focusin：在获得焦点的元素上触发。

blur：在失去焦点的元素上触发。

focus：在获得焦点的元素上触发。

第

14

章

响应式网页设计与栅格化

本章讲解响应式网站设计与网页的栅格化，包括响应式网站的设计概念、宽度尺寸、线框图绘制、网页的栅格化设计及现在流行的一页式网站布局等内容。

◆ 14.1　响应式网站设计概念

响应式网站设计（Responsive Web Design）的理念是：页面的设计与开发应当根据用户行为及设备环境（系统平台、屏幕尺寸、屏幕定向等）进行相应的响应和调整，如图 14-1 所示。具体的实践方式由多方面组成，包括弹性网格和布局、图片、CSS Media Query 的使用等。

无论用户正在使用笔记本式计算机还是 iPad，页面都应该能够自动切换分辨率、图片尺寸及相关脚本功能等，对页面元素进行重新排版，甚至隐折叠、字体尺寸变化、版式调整等，以适应不同设备的最佳浏览效果。

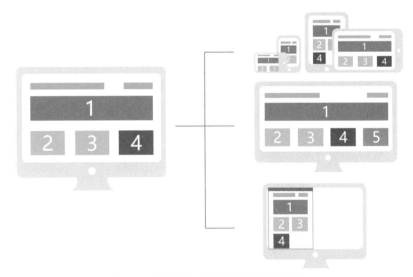

图 14-1　网页的内容布局适配硬件屏幕尺寸

◆ 14.2　响应式网站的宽度尺寸

随着硬件设备的多元化，需要设计适应各种屏幕尺寸的页面，如图 14-2 所示。响应式网站的宽度没有固定的尺寸，按照不同的项目开发要求去定，一般是 3 ～ 5 的宽度，用来适配台式机、笔记本式计算机、平板电脑的横屏竖屏和手机的横屏竖屏。建议的宽度尺寸包括 480px、600px、840px、960px、1280px、1440px、1600px、1920px，如图 14-3 所示。

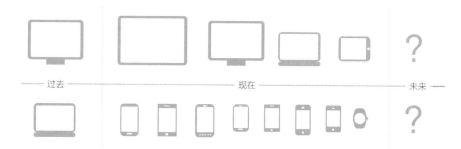

图 14-2　设备尺寸的多元化

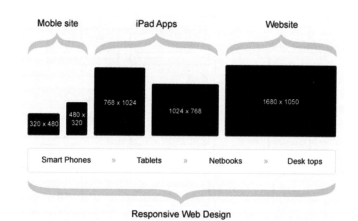

图 14-3　对应的设备网页建议尺寸

图 14-4 所示为微软的主页响应式排版。

图 14-4　微软的主页响应式排版

推荐一个响应式网页欣赏网站，其中约有几百个优秀的响应式网页案例：http://mediaqueri.es。

◆ 14.3 响应式线框图绘制

一般来说，虽然比较优秀的响应式会绘制手机竖向、手机横向、PAD 竖向、PAD 横向和 PC 5 种宽度的线框。但是，一般先绘制完手机和计算机两个版本，其他的在此基础上进行修改即可。

响应式手绘线框如图 14-5 所示。

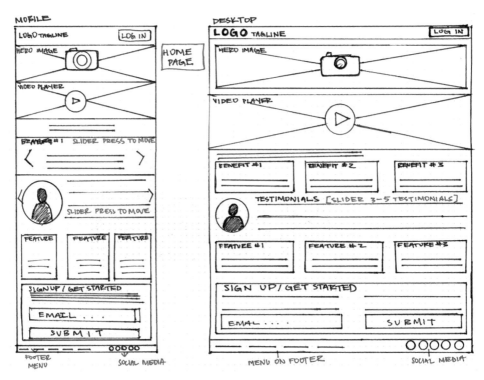

图 14-5　响应式手绘线框

响应式机绘线框如图 14-6 所示。

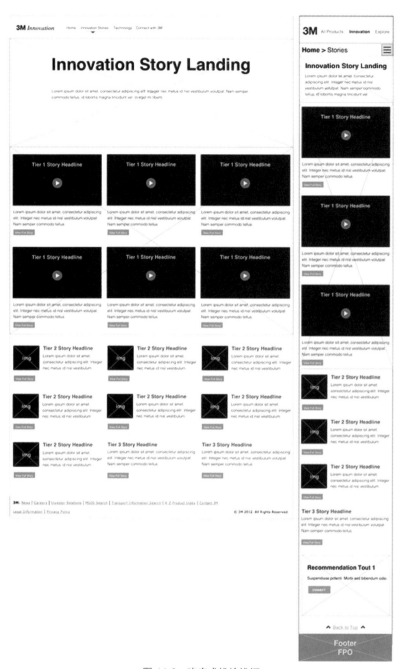

图 14-6　响应式机绘线框

◆ 14.4　网页的栅格化设计

栅格化设计是一种将页面布局按照一定规律进行划分，并按照划分后的格子进行页面元素排布的设计方法。它可以帮助设计师对齐页面元素，保持页面的整体平衡，提高设计效率和设计质量。

在栅格化设计中，设计师需要先确定一个容器（Container），即整个页面布局的基础区域。然后，设计师需要在这个容器内设定边距（Margin）、列宽（Columns）和水槽（Gutters）等栅格元素。这些元素可以用来控制页面内容的位置和排列方式，以达到良好的页面布局效果。

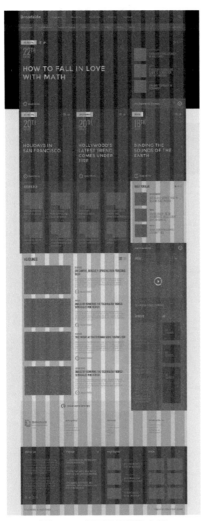

图 14-7　网页线框栅格案例

具体来说，容器是指整个页面布局的区域，边距用来控制页面内容两侧的留白区，禁止放置内容。列宽也称为栏，是比较宽松的那部分区域，主要用来对齐内容，也是栅格的数量单位。水槽是两个列之间的间隔，主要用于页面中的留白。

栅格化设计的作用在于建立元素间的关系，引导用户体验，并将用户的注意力引向正确的方向。通过应用栅格系统，设计师可以将页面元素明确地放到合理的位置上，从而提高设计效率和设计质量。

1. 为什么需要网格布局

在 Web 内容中，可以将其分割成很多个内容块，而这些内容块都有自己的区域（Regions），可以将这些区域想象成是一个虚拟的网格。到目前为止，在一个模板中使用不同的结构标签，使用多个浮动和手动计算实现一个布局。这对 Web 前端人员来说，是一件痛苦的事。而网格布局将帮助这些人摆脱这样的困局，让布局方法变得非常简单与清晰。

栅格化设计特别适用于由大量系统自动生成的页面，如门户网站的新闻和视频站等，如图 14-7 所示。

2. 什么是 CSS Grid Layout

CSS Grid Layout 是 CSS 为布局新增的一个模块。网格布局特性主要是针对 Web 应用程序的开发者，可以用这个模块实现许多不同的布局。网络布局可以将应用程序分割成不同的空间，或者定义它们的大小、位置及层级。

就像表格一样，网格布局可以让 Web 设计师根据元素按列或行对齐排列，但它和表格不同，网格布局没有内容结构，从而使各种布局不可能与表格一样。例如，一个网格布局中的子元素都可以定位自己的位置，这样它们可以重叠，类似元素定位。

所谓网格设计，就是把页面按照等比分成等分格子，所有的元素按照最小单位的倍数尺寸来设计，以便于后期前端排版有规律，容易定位，网页看起来规整，适合响应式多分辨率适配，适合大型动态网站布局，CSS 更好写。

图 14-8 所示为基于 960 宽度的栅格划分。图 14-9 所示为网页栅格算法。

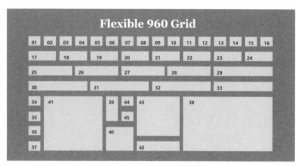

图 14-8　基于 960 宽度的栅格划分

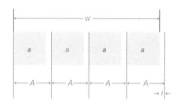

图 14-9　网页栅格算法

◆ 14.5　现在流行的一页式布局

一页式布局网站设计是指将网站的所有内容都放在一个页面上的设计方式。这种设计方式可以让用户在单个页面上浏览网站的全部内容，减少了页面跳转和加载时间，提高了用户体验。

一页式布局网站设计的优点包括以下几个。

快速加载：由于只有一个页面，用户可以快速加载整个网站的内容，无须等待多个页面加载。

提高用户体验：用户可以在一个页面上浏览网站的全部内容，无须进行多次点击和页面跳转，提高了用户的使用体验。

易于维护：只有一个页面，维护和更新网站内容相对简单。

与响应式设计兼容：一页式布局网站设计可以与响应式设计相结合，使网站在不同的设备上都能够得到良好的展示效果。

一页式布局网站设计的缺点包括以下几个。

页面内容过多：如果网站内容过多，可能会让用户感到信息过于拥挤，难以找到所需的信息。

缺乏层次感：在一个页面上展示所有内容，可能会让用户感到信息层次不够清晰。

技术实现难度：一页式布局网站设计需要较高的技术实现难度，需要设计师和开发人员的密切配合。

总之，一页式布局网站设计是一种具有快速加载、提高用户体验、易于维护等优点的设计方式。但是，它也存在着页面内容过多、缺乏层次感等缺点。因此，设计师需要根据具体的需求和情况来选择是否采用这种设计方式。

所谓一页式布局，就是 TABLE 单元格布局，而最近流行的布局是一页式滚动布局，如图 14-10 所示，也有 TAB 标签和一页式结合的页面布局。

当今流行一体式网页

以前的表格式网页

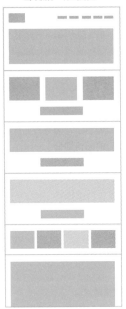

当今流行一体式网页

以前的表格式网页

图 14-10　一页式布局

第

15

章

4 类网站的功能模块与布局

本章讲解 4 类网站的功能模块与布局，包括企业官网、电商网站、活动页专题设计网站及 B 端后台设计网站。

◆ 15.1 企业官网功能模块与布局

企业官方网站的功能模块设计应关注用户需求，以提供清晰、直观且易于使用的体验。以下是一些建议的功能模块。

首页：展示公司的形象和品牌，提供概述和关键信息，包括公司历史、使命、愿景、产品和服务等。应设计得简洁、引人入胜，吸引潜在客户的关注。

产品展示：详细展示公司的产品和服务，提供产品的图片、视频、规格、特性及价格等信息。可以使用交互式布局和多媒体元素，使产品展示更加生动有趣。

新闻中心：发布公司的最新消息、业务动态、市场数据等，帮助用户及时了解公司的最新情况。保持更新频率，使客户能够对公司保持关注。

关于我们：提供公司的详细介绍，包括公司的历史、愿景、使命、核心价值观及团队成员等。此外，还可以介绍公司的优势、成就及社会责任等方面的信息。

联系我们：提供公司的联系方式，包括电话、电子邮件、地址等信息，方便用户与公司取得联系。

招聘信息：发布公司的招聘信息，帮助求职者了解公司的招聘需求和要求。同时，可以设置在线招聘系统，方便求职者提交简历和应聘。

客户服务：提供在线客服或帮助中心服务，解答用户在使用网站或产品过程中遇到的问题。

在线商城：如果公司销售产品或服务，可以在网站上设置在线商城模块，方便用户购买公司的产品或服务。

社交媒体集成：将公司的社交媒体账号与网站相连接，方便用户关注公司的社交媒体动态。

搜索引擎优化（SEO）：优化网站的内容和结构，使其更易于被搜索引擎发现和索引，提高网站的搜索排名。

以上是一些建议的功能模块，具体的设计应根据公司的需求和目标受众来确定。同时，还要注意网站的易用性和用户体验，确保用户能够方便快捷地找到所需的信息。

1. 企业网站设计的常见功能模块

企业网站常见的功能模块有关于我们、公司新闻、门户资讯、服务项目、产品展示、我们的优势、团队介绍、用户评价、客户案例、常见问题、公司报价、联系我们、公司历程、新闻告示、通栏广告、商城、网页页脚、友情链接。企业网站通常由以上模块的 5 ～ 8 个组成。

常见的组成有 LOGO、导航栏、关于我们、公司历程、产品、服务介绍、团队介绍、客户案例、友情链接等。

2. 企业网站常见排版示例

企业网站常见的排版版式如图 15-1 所示。

图 15-1　企业网站常见的排版示例

◆ 15.2　电商网站常见的功能模块与布局

电商网站的功能模块包括以下几个。

产品模块：主要用于商品的管理，包括添加、删除、修改商品信息等。

销售模块：用于管理电商网站的优惠活动，如满减、打折等。

订单模块：处理在线交易，包括下订单、支付、退款等。

客服模块：用于与客户沟通，回答客户的问题，提供咨询服务。

后台管理模块：对客户订单、仓库库存等进行全面管理。

此外，电商网站还需要具备一些其他功能，如用户注册和登录、购物车管理、支付接口集成等。以上信息仅供参考，不同的电商网站的功能可能会有所不同。

1. 电商网站的常见功能模块

电商网站常见的功能模块有 LOGO 店招、产品分类、优惠券、VIP 俱乐、HOT 热卖、NEW 上新、产品优势、团购优惠；节日运营、优惠促销、产品详情、BANNER、产品展示、系列产品、我们的优势、联系我们；售后服务、当季热卖、活动推广、原料工艺。电商网站一般由以上模块的 5 ～ 8 个组成。

常见的组成有 LOGO 店招、产品分类、优惠券、系列产品、当季热卖、NEW 上新、售后服务、我们的优势、联系我们等。

2. 电商网站常见排版示例

电商网站常见的排版示例如图 15-2 所示。

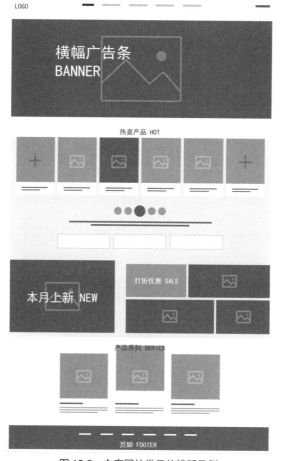

图 15-2　电商网站常见的排版示例

◆ 15.3 活动页专题设计常见的功能模块与布局

专题网页的功能模块可以根据需求和目标而有所不同，以下是一些常见的功能模块。

页面顶部：通常包含网站的 LOGO、导航栏、搜索栏等基本元素。

页面主体：根据专题内容的不同，主体部分可能包含文章列表、图片列表、视频列表等。

页面底部：通常包含一些基本信息，如版权信息、联系方式等。

此外，专题网页的功能模块还可以根据实际需求添加，如在线购物功能模块、社交分享功能模块、用户注册登录功能模块等。在设计和开发专题网页时，需要根据目标受众和市场需求来确定功能模块，以提高用户体验和满足用户需求。

1. 活动页专题的常见功能模块

活动页，顾名思义，是对产品及活动进行特定时间段的节庆促销、宣传推广、营销产品的专门页面。活动页常见的功能模块有活动标题、活动入口、活动奖品、商品展示、活动参与人数、有效时间、获奖信息和活动规则等。

2. 如何做好活动页

要做好活动，主要关注以下 5 点。

利益点描述：直接折扣、福利优惠、产品优点。

文案和活动策划的新颖：用词和图文吸引眼球。

用故事化的方式设计场景：让用户沉浸思考且愿意去体验。

活动力度重折扣拼价格：利用人喜欢占便宜的心理。

产品优点细节展示：证明质量，打消购买者顾虑。

从目标用户的消费力的角度：简朴的、平价的、高贵的、奢华的。活动页的排版一般比较活泼，元素具有明确的视觉流向指示，用来向下引导重要信息。

元素的使用符合本次活动的主题设计，合理利用空间，对活动信息直观呈现。

首屏尺寸最好在 460px ～ 760px 比较好，重要内容尽量点题设计，引起用户下拉的兴趣。

3. 活动页文案设计

对于活动页面文案要抓住以下 8 点。

时效性文案：抓热点和节日，如"双 11，爱她，就为她清空这辆车！"

情感共鸣文案：抓用户痛点，如"所谓孤独就是，有的人无话可说，有的话无人可说。"

增加紧迫感：时间限制，如"5 折狂欢，只限今日，再不护肤就老了，最后 50 个试用名额。"

产品的优势：突出产品和服务的效率、专业、省费用，如"边睡边掉肉。"

抛出问题引起思考：如"一块钱人民币在今天还能买点什么？"

凸显个性品位：如"与众不同的人""我们的疯狂，是为了改变世界""喜欢就表白，不喜欢就拉黑。"

不妥的文案：如"暴风雨之后，不仅没看到彩虹，还感冒了。"

扎心文案：如"别人在等伞，我在等雨停。"

4. 活动页常见排版示例

活动页常见的排版示例如图 15-3 所示。

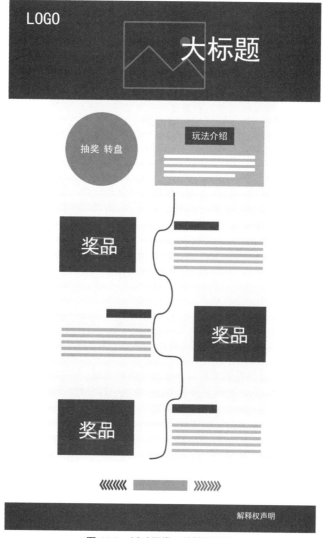

图 15-3　活动页常见的排版示例

◆ 15.4　B 端后台设计功能模块与布局

随着电子商务的发展，网上购物已成为一种时尚，电子商务网站也逐渐成为企业顺应潮流的标配。大多数人都知道在电子商务网站前端有查询、注册登录、购物车等功能，那么建设电子商务网站后台的功能模块都有哪些呢？下面就来讲解电商网站后台功能模块的知识。

电子商务网站整个系统的后端管理，按功能划分为九大模块。

1. 后台主页

后台主页是各类主要信息的概要统计，包括客户信息、订单信息、商品信息、库存信息、评论和最近反馈等。

2. 商品模块

商品模块包括以下 5 点。

商品管理：商品和商品包的添加、修改、删除、复制、批处理、商品计划上 / 下架、SEO、商品多媒体上传等，可以定义商品是实体还是虚拟，可以定义是否预订、是否缺货销售等。

商品目录管理：树形的商品目录组织管理，并可以设置关联 / 商品推荐。

商品类型管理：定义商品的类型，设置自定义属性项、SKU 项和商品评论项。

品牌管理：添加、修改、删除、上传品牌 LOGO。

商品评论管理：回复、删除。

3. 销售模块

销售模块包括以下 3 点。

促销管理：分为目录促销、购物车促销和优惠券促销 3 类，可以随意定义不同的促销规则，满足日常促销活动，如购物折扣、购物赠送积分、购物赠送优惠券、购物免运输费、特价商品、特定会员购买特定商品、折上折、买二送一等。

礼券管理：添加、发送礼券。

关联 / 推荐管理：基于规则引擎，可以支持多种推荐类型，可手工添加或者自动评估商品。

4. 订单模块

订单模块包括以下 3 点。

订单管理：可以编辑、解锁、取消订单、拆分订单、添加商品、移除商品、确认可备货等，也可对因促销规则发生变化引起的价格变化进行调整。订单处理完可发起退货、换货流程。

支付：常用于订单支付信息的查看和手工支付两种功能。手工支付订单常用于"款到发货"类型的订单，可理解为对"款到发货"这类订单的一种补登行为。

结算：提供商家与第三方物流公司的结算功能，通常是月结。同时，结算功能也常用来对"货到付款"这一类型订单支付后的数据进行对账。

5. 库存模块

库存模块包括以下 4 点。

库存管理：引入库存的概念，不包括销售规则为永远可售的商品，一个 SKU 对应一个库存量。库存管理提供增加、减少等调整库存量的功能；另外，也可对具体的 SKU 设置商品的保留数量、小库存量、再进货数量。每条 SKU 商品的具体库存操作都会记录在库存明细记录里。

查看库存明细与记录：用来查看商品的库存明细与记录。

备货 / 发货：创建备货单、打印备货单、打印发货单、打印 EMS 快递单、完成发货等一系列物流配送的操作。

退 / 换货：对退 / 换货的订单进行收货流程的处理。

6. 内容模块

内容模块包括以下两点。

内容管理：包括内容管理及内容目录管理。内容目录由树形结构组织管理，类似于商品目录的树形结构，可设置目录是否为链接目录。无限制创建独立内容网页，如关于我们、联系我们等。

广告管理：添加、修改、删除、上传广告，定义广告有效时限。可自由设置商城导航栏目及栏目内容、栏目链接。

7. 客户模块

客户模块包括以下 4 点。

客户管理：添加、删除、修改、重设密码，发送邮件等。

反馈管理：删除、回复。

消息订阅管理：添加、删除、修改消息组和消息，分配消息组，查看订阅人。

会员资格：添加、删除、修改会员。

8. 系统模块

系统模块包括以下 7 点。

安全管理：管理员、角色权限分配和安全日志。

系统属性管理：用于管理自定义属性。可关联模块包括商品管理、商品目录管理、内容管理、客户管理。

运输与区域：运输公司、运输方式、运输地区。

支付管理：支付方式、支付历史。

包装管理：添加、修改、删除。

数据导入管理：商品目录导入、商品导入、会员资料导入。

邮件队列管理：监控邮件发送情况，删除发送异常邮件。

9. 报表模块

支持数个统计报表，支持时间段过滤，支持按不同状态过滤，支持 HTML、PDF 和 Excel 格式的导出和打印。

1）用户注册统计。

2）低库存汇总。

3）缺货订单。

4）订单汇总。

5）退换货。

B 端后台常见的排版示例如图 15-4 所示。

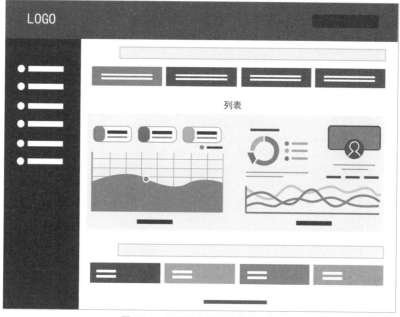

图 15-4　B 端后台常见的排版示例

135

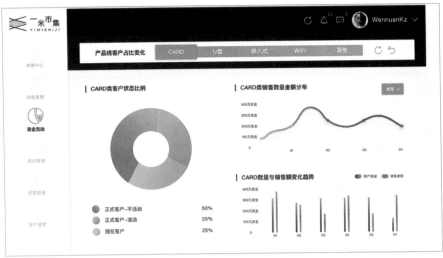

图 15-4 B 端后台常见的排版示例（续）

第16章

平面版式设计之折页、宣传画册、VI 及 LOGO

本章主要讲解平面的版式设计，涉及折页、企业宣传画册、企业 VI 与 LOGO 设计。

平面的版式设计方法包括以下几种。

1. 中心型排版

将图片放在版面的中心位置，具有突出主体、聚焦视线等作用。要体现大气背景可用纯色，要体现高端背景可用渐变色。

2. 中轴型排版

利用轴心对称，使用画面展示规整稳定、醒目大方。当制作的图片满足中心型排版但主体面积过大的情况下，可以使用中轴型排版。中轴型居中对称的版面特点，在突出主体的同时又能给予画面稳定感，并能使整体画面具有一定的冲击力。

3. 分割型排版

利用分割线使画面具有明确的独立性和引导性。当制作的图片中有多个图片和多段文字时，可以使用分割排版。

4. 倾斜型排版

可以让呆板的画面爆发活力和生机。当制作的图片中要出现律动性、冲击性、不稳定性、跳跃性等效果时，可使用倾斜型排版。

5. 骨骼型排版

通过有序的图文排列，使画面严谨统一、具有秩序感。当制作的图片中文字较多时，通常会应用骨骼型排版。

6. 满版型排版

将图片铺满整个画面，充当版面设计中的整个背景，这样的设计方式多用于书面封面的设计。但文字不宜过多，并且文字不能影响主图的视觉中心。

以上是平面的版式设计方法，可以根据实际需求选择合适的版式设计类型。

平面版式设计在 UI 设计中也是非常重要的。

◆ 16.1　折页设计

折页设计是平面设计中的一种特殊形式，它需要将一个完整的页面折叠成多个部分，以便在有限的纸张上展示更多信息。下面是一些关于折页设计的建议。

确定折页的目的和内容：在开始设计之前，需要明确折页的目的和内容，以确保设计的有效性。例如，折页可能是为了宣传某个产品或服务，或者提供一些附加信息。确保了解目标受众及他们需要了解的信息。

选择合适的纸张和尺寸：选择合适的纸张和尺寸是折页设计的重要步骤。需要考虑纸张的质量、厚度和颜色，以及纸张的尺寸和形状。对于折页的大小，需要考虑折叠后的尺寸及页面的数量。

确定折页的形状和类型：折页的形状和类型根据设计的目的和内容而有所不同。常见的折页形状包括直式折页、门式折页、风琴式折页等。选择合适的形状可以增强设计的视觉效果并提高受众的兴趣。

确定折叠方式：折叠方式的选择也会影响设计的效果。需要考虑如何将页面折叠成所需的形状和大小，并确保折叠后的效果能够达到预期。

添加元素和信息：在设计中添加元素和信息时，需要考虑它们的大小、位置和颜色。确保这些元素能够有效地传达所需的信息，并且与整体的视觉效果相协调。

进行版面设计：版面设计是折页设计的重要组成部分。需要考虑如何将文字和图像排列在页面上，以使其在折叠后呈现出最佳的效果。合理的留白和布局可以使版面更加整洁、易读且具有吸引力。

进行色彩搭配：色彩搭配对于折页设计的视觉效果至关重要。选择与主题和目的相符的色彩，以确保设计在视觉上吸引人且具有吸引力。

调整和完善：在完成初步设计后，需要进行调整和完善，以确保折页的视觉效果最佳且易于阅读。包括调整元素的大小、位置和颜色，以及优化文字和图像的排版。

预览和测试：在完成设计后，需要预览并测试折页的效果。可以通过将设计打印出来或将其导出为电子文件来进行。确保检查设计的折叠方式、版面设计、色彩搭配等方面的效果是否达到预期。

发布和分享：完成设计和测试后，可以将折页发布并分享给受众。确保选择合适的发布渠道和方式，以便让尽可能多的人能够看到你的设计成果。

宣传折页设计：三折页和宣传单已经成为线下推广品牌、宣传企业文化、推销产品的主要方式。一份精美的三折页会令消费者爱不释手，大大提高消费者对商品的认可。

宣传折页使用场景：展会展台边及沿路发放，公司前台及产品旁边。

宣传折页尺寸：宣传单三折页设计尺寸是折页的展开尺寸，常规尺寸是 A4（印刷成品展开尺寸是：210mm×258mm，折叠后的成品尺寸是：210mm×95mm）和 A3（印刷成品展开尺寸是：420mm×285mm，折叠后的成品尺寸是：140mm×285mm）。常规的三折页印刷以157 克铜版纸或者哑粉纸为主。折页除了三折页，也有双折、四折、多折，以及不规则边缘类型，具体尺寸可与印刷店联系后咨询可实现的工艺。

宣传折页配色风格：一般三折页的配色分为单一同色系配色、经典黑白色系、多色系大色块、高清照片、几何图形分割、波浪圆形分割等。

宣传折页元素比例：标题字体可以选一些有张力的字体设计。正文的字体不要小于5mm，否则看不清，"图片 + 几何大色块 + 留白 + 文案"，这 4 个元素最好各占 1/4，也可以按照展示内容及项目需求增减比例，适当加一些服务及优势解说小图标。

三折页版式规范：三折页分为外页和内页，如图 16-1 和图 16-2 所示，外页从右到左分为A\B\C，如图 16-3 所示，内页从左到右分为 D\E\F，如图 16-4 所示。

外页具有品牌服务及企业文化联系功能。

A 面为封面页，上面有公司名称或者本三折页的宣传目的，如参展产品等，底图点题。

B 面为联系方式页面，一般上面还会有宣传口号、地点、电话、传真、网站、二维码等。

C 面为公司介绍、品牌历史、服务介绍或"我们的优势"等。

内页具有产品目录、报价、细节、优势展示等功能。

D 面为产品大类介绍。

图 16-1　三折页外页

图 16-2　三折页内页

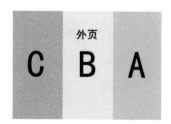

图 16-3　三折页外页 ABC 指示页

图 16-4　三折页内页 DEF 指示页

E 面为产品的展示及介绍。

F 面为品牌细节及使用场景。

以上 6 个面可以按照不同的需求进行排布变化。

三折页常见的折叠法有两种，一种是 Z 字形折叠，一种是包裹形折叠。

排版风格：三折页花纹分为全通（即为跨三面）、两通（画面跨二面）和不通（单独的 3 个画面）。案例展示如图 16-5 ～图 16-7 所示。

图 16-5　案例展示

图 16-6　案例展示

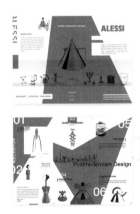

图 16-7　案例展示

　　一般用动感斜排版的几何大色块切割画面，并且配以高清照片底图的三折页样式，看起来既时尚又好看。好的三折页应该简洁明了，让人愿意拿在手中并了解上面的信息。

　　设计的时候，先打好分割参考线，之后按外页一页、内页一页的顺序进行设计。目前比较普遍的三折页都是大度 16 开的，也就是 210mm×285mm 的尺寸折三折。在设计时要注意三折页每个页面的尺寸，在设计时文字不能靠近分割处，否则会看不见文字。排版完成后保存文件即可发到印刷店打样。三折页各版面尺寸如图 16-8 所示。

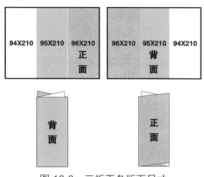

图 16-8　三折页各版面尺寸

◆ 16.2　宣传画册设计

宣传画册设计是一种有效的宣传和营销策略，可以帮助企业或组织吸引目标受众的注意力，提高品牌知名度，促进产品或服务的销售。以下是一些设计宣传画册的建议。

明确目标受众：在开始设计之前，了解目标受众的需求和兴趣是非常重要的。这样可以确保画册的内容和设计风格与目标受众相匹配。

确定主题和品牌形象：确定宣传画册的主题和品牌形象，以确保画册的内容与品牌形象一致。

选择合适的版式和布局：选择合适的版式和布局可以帮助将信息清晰地传达给读者。请确保布局简洁、易于阅读，并使用易于理解的字体和颜色。

强调产品或服务的优势：宣传画册应该突出产品或服务的优势，并与竞争对手的产品进行比较。这将有助于使企业或组织的宣传画册更具吸引力。

使用高质量的图片和插图：使用高质量的图片和插图可以增强宣传画册的视觉效果，并帮助传达信息。如果可能的话，可以使用原创图片或插图来展示独特的产品或服务。

包含联系方式：在宣传画册中可以包含联系方式，以便潜在客户可以轻松地联系企业或组织。

校对和编辑：最后，确保宣传画册的内容经过校对和编辑，以确保信息的准确性和连贯性。

1. 宣传册尺寸

最常规的宣传册印刷尺寸，适合绝大多数企业和场景：A4 大小，即 210mm×285mm。B4 大小，比 A4 小一圈的宣传册尺寸，即 260mm×185mm。

小巧轻便一点的宣传册印刷尺寸，适合样本册等便于携带的宣传册：A5 大小，即 210mm×140mm；B5 大小，比 B4 小一半，比 A5 小一圈。

高档大气一些的宣传册的印刷尺寸：370mm×250mm。

非常大气高端的宣传册印刷尺寸，适合楼书、珠宝、豪车等场景：420mm×285mm，一般只用来展示高档产品。

正方形的宣传册印刷尺寸，适合文艺等的应用场景：210mm×210mm。

2. 宣传册纸张

一般最常用的宣传册印刷纸张为双铜纸（俗称铜版纸），常用的克重有 80g、105g、128g、157g、200g、250g、300g 和 350g 双铜。铜版纸为平板纸，整张尺寸有 787mm×1092mm、880mm×1230mm 两种规格。还会用到其他一些纸张，如哑粉纸、双胶纸、珠光纸、硫酸纸等特种纸。

3. 宣传册印刷工艺

印刷工艺主要有过光胶、哑胶、烫金、UV 上光、丝网印刷、起凸 / 压凹 / 压纹、模切镂空、打孔针孔、植绒、喷塑等。

订本方法有铁丝订、骑马订、缝纫订、锁线订、粘胶订和塑线烫订等。

4. 宣传册版式设计

宣传册的最外层有封面和封底，封面写上公司名称或者此宣传册的目的标题。封底一般是公司地址、邮编、电话、网站等信息。

内页有目录、公司简介等。排版时要注意页头、页脚、页码的位置，左右页，以及哪一边是装订的方向，以保证印刷后装订不出问题。

5. 常见版式

宣传画册的常见版式如图 16-9 ～图 16-14 所示。

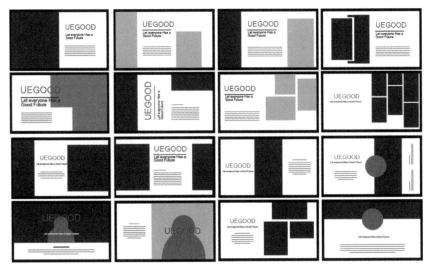

图 16-9　宣传画册常见版式 1

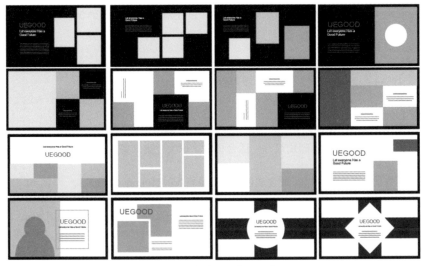

图 16-10　宣传画册常见版式 2

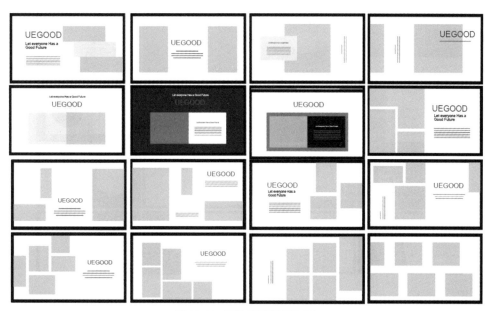

图 16-11　宣传画册常见版式 3

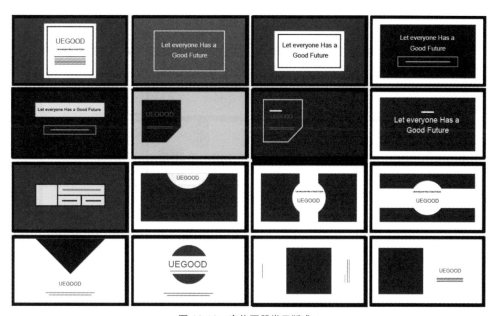

图 16-12　宣传画册常见版式 4

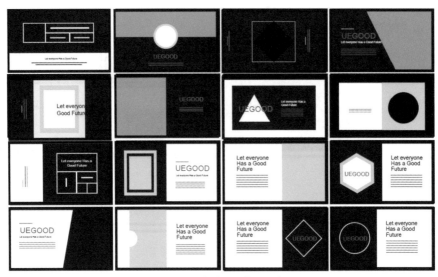

图 16-13　宣传画册常见版式 5

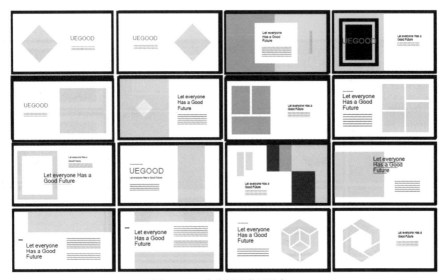

图 16-14　宣传画册常见版式 6

◆ 16.3　VI 及 LOGO 设计

　　VI 即 Visual Identity，通译为视觉识别系统。视觉识别系统是运用系统的、统一的视觉符号系统。视觉识别是静态的识别符号具体化、视觉化的传达形式，项目最多，层面最广，效果更直接。视觉识别系统属于 CIS 中的 VI，用完整、体系的视觉传达体系，将企业理念、文化特质、服务内容、企业规范等抽象语义转换为具体符号的概念，塑造出独特的企业形象。视觉识别系统分为基本要素系统和应用要素系统两方面。基本要素系统主要包括企业名称、企业标志、标准字、标准色、象征图案、宣传口语、市场行销报告书等。应用系统主要包括办公事务用品、生产设备、建筑环境、产品包装、广告媒体、交通工具、衣着制服、旗帜、招牌、标识牌、橱窗、陈列展示等。视觉识别（VI）在 CIS 系统中被大众所接受，具有主导的地位。CIS 是 Corporate Identity System 首字母缩写，意思是"企业形象识别系统"。CIS 的具体组成部分包括理念识别（MI）、行为识别（BI）和视觉识别（VI）。

LOGO 是徽标或者商标的外语缩写，是 logotype 的缩写，起到对徽标拥有公司的识别和推广的作用，通过形象的徽标可以让消费者记住公司主体和品牌文化。网络中的徽标主要是各个网站用来与其他网站链接的图形标志，代表一个网站或网站的一个板块。另外，LOGO 还是一种早期的计算机编程语言，也是一种与自然语言非常接近的编程语言，它通过"绘图"的方式来学习编程，对初学者特别是儿童进行寓教于乐的教学方式，如图 16-15 所示。

图 16-15　标志设计

网站 LOGO 尺寸如图 16-16 所示。

1）88cm×31cm，这是互联网上最普遍的 LOGO 规格。

2）120cm×60cm，这种规格属于一般大小的 LOGO。

3）120cm×90cm，这种规格属于大型 LOGO。

图 16-16　网站 LOGO 尺寸

LOGO 手绘，比如要设计一个和鱼有关的 LOGO，可以多尝试搜集灵感，然后绘制草图，让客户挑选他喜欢的 LOGO 风格，以便于确定后期的设计方向。

1. LOGO 设计原则

1）简洁、有创意、可扩展性、独特性。

2）在黑色、白色、多色底色下均能良好显示。

3）在小尺寸下能良好显示，识别性强。

4）在众多情况下能良好显示（如产品包装上、广告上等）。

5）通常要包含公司的名称。

6）可以通过 LOGO 联想到品牌的产品定位及推广意图。

7）LOGO 有竖排版和横排版两种，最好用辅助格子来展示比例，如图 16-17 所示。

优秀的 LOGO 案例如图 16-18 所示。

图 16-17　横排 LOGO 和竖排 LOGO　　　　　图 16-18　优秀的 LOGO 案例

2. LOGO 设计手法

LOGO 的设计手法主要有以下几种。

图形 LOGO：阴阳组合、重复排列、缺省部分、部分替换、连贯打通、增加透视。

LOGO 设计手法案例如图 16-19 所示。

图 16-19　LOGO 设计手法案例

字体 LOGO：笔画相连、简化笔画、附加元素、底图镶嵌、元素象征、柔美卷曲、刚直碎裂、正负空间、书法印章、透视立体。

LOGO 字体案例如图 16-20 所示。

图 16-20　LOGO 字体案例

LOGO 设计流行趋势：随着品牌的成长，LOGO 也会升级。例如 NIKE 标志，开始时只有品牌名，随着宣传力度加大，去掉品牌名凸显 "JUST DO IT." 价值观，最后只剩下 LOGO 图形。NIKE LOGO 演变、苹果 LOGO 演变、知名品牌 LOGO 演变如图 16-21～图 16-23 所示。

图 16-21　NIKE LOGO 演变

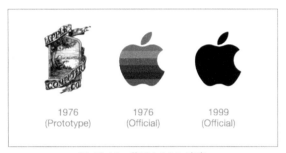

图 16-22　苹果 LOGO 演变

图 16-23　知名品牌 LOGO 演变

　　现在流行的 LOGO 样式有一种尺轨绘图的 YOGA 风格，渐渐成为 LOGO 设计的主流，如图 16-24 所示。

图 16-24　YOGA 风格 LOGO

3. LOGO 配色

以蓝色和红色为主，这两个颜色深浅合适，红色为企业成功色，蓝色代表科技，黑色代表经典，绿色寓意健康自然，黄色代表能源太阳等，橙色为活力救援色，粉色代表化妆品等女性用品。当然这些寓意也不是绝对的，可以按照需求使用适当的颜色。LOGO 品牌色排列如图 16-25 所示。

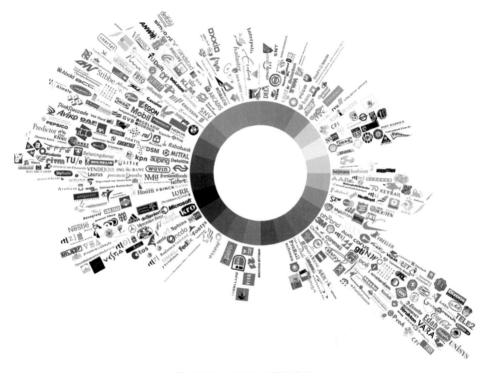

图 16-25　LOGO 品牌色排列

4. VI 视觉识别基本要素系统

企业标志设计。

企业标准字体。

企业标准色（色彩计划）。

企业造型（吉祥物）。

企业象征图形。

企业专用印刷字体设定。

基本要素组合规范。

标识符号系统（企业专用形式）。

5. VI 视觉识别应用要素系统

办公事务用品设计。

公共关系赠品设计。

员工服装规范。

企业车体外观设计。

办公环境识别设计。

企业广告宣传规范。

企业形象广告及广告识别系统。

6. 企业商品包装识别系统

VI 设计展示如图 16-26 所示。

图 16-26 VI 设计展示

第
17
章

运营 UI 设计

本章主要讲解运营 UI 设计。

UI 分为产品型 UI 和运营型 UI。负责 App 和 Web 等产品的 UI 设计的为产品型 UI。负责产品上线后的内容更换，如 BANNER、启动页、闪屏、HTML5 活动推广页、网页推广活动页、广告海报设计的 UI 设计为运营型 UI。随着 App 和网站类产品的上线，目前市面上的运营型 UI 非常紧俏。

一个运营 BANNER 或者活动页面设计得好不好，需要考虑这个产品的受众群体的喜好和接受程度，还要考虑这个活动投放的平台、曝光率、点击率、转化率、留存率等。

运营名词介绍如下。

PV：Page View，页面访问量，也就是曝光量。

UV：Unique Visitor，独立访客数，同一个访客多次访问也只算一个访客。通常情况下是依靠浏览器的 cookies 来确定访客是否是独立访客（之前是否访问过该页面）。在同一台计算机上使用不同的浏览器访问或清除浏览器缓存后重新访问相同的页面，也相当于不同的访客在访问，会导致 UV 量增加。

UIP：Unique IP，独立 IP。和 UV 类似，正常情况下，同一个 IP 可能会有很多个 UV，同一个 UV 只能有一个 IP。

VV：Visit View，访问次数，是指统计时段内所有访客的 PV 总和。

CPC：Cost Per Click，每次点击费用，即点击单价。

CPM：Cost Per Mile，千次展示费用，即广告展示一千次需要支付的费用。

RPM：Revenue Per Mille，千次展示收入。和 CPM 类似，RPM 是针对广告展示商（如 Adsense 商户）而言的。

CTR：Click-through Rate，点击率，即点击次数占展示次数的百分比。

◆ 17.1 运营字体排版

一般 BANNER 由 4 ～ 8 字的大标题，如"全场特卖""新年大促""双 11 狂欢"等与解说活动内容及范围的二级标题组成。二级标题一般是框定活动内容和规则的，如"全场男装买 300 送 100""歌舞剧门票统一 5 折""圣诞节全场饮料买一送一"诸如此类的。还有小点缀，一般是一些利益点文字。图 17-1 所示为运营字体排版示例。

常见 BANNER 字体设计手法：3D 立体字、Q 版可爱字、刚硬炸裂字、女性柔美字、笔画连接字、中国风毛笔字、笔画添加字、质感字体、底图凸显字，以上方法综合使用。

图 17-1　运营字体排版示例

◆ 17.2　BANNER 版式设计

BANNER 由 5 个重点元素组成，即背景氛围、主标题、二级辅标题（三级小标题，利益点）、外加主物体和点缀，如图 17-2 所示。图 17-3 ～图 17-6 所示为 BANNER 排版示例。

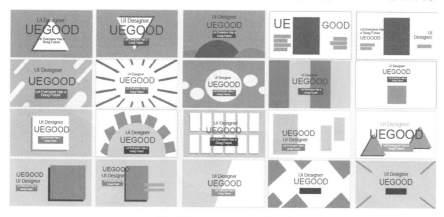

图 17-2　BANNER 排版示例

图 17-3　BANNER 排版示例 1

图 17-4　BANNER 排版示例 2

图 17-5　BANNER 排版示例 3

图 17-6　BANNER 排版示例 4

◆ 17.3　启动页设计

下载并安装完 App 后，或者更新版本后，打开产品，首先会出现一页或者滑屏多页图文并茂的页面（抑或只有文字和纯色背景搭配）。这些页面有些是描述产品的主要功能，有些是传递产品的理念，也有些是产品的 Slogan。这些页面就称为启动页。

为什么要启动页？原因如下。

平滑过渡：掩盖启动太慢的事实，若没启动页，首次登录后等待时间长。

传递产品理念，打造品牌价值，引起共鸣。

渲染图片，加载内容，提示 App 版本新功能，提示运营节气等。

情感故事产生共鸣：如 UEGOOD，Let everyone has a good future！

启动页目前比较流行的风格有 3 种，一种是 MBE 风格的，一种是扁平渐变风格的，还有一种是 2.5D 风格的。2.5D 又名等距图或者轴侧图，是一种边缘透视都是平行相等的伪透视风格。大家可以先搜集一些常见的 2.5D 小元素，然后按照引导页的文字说明，配以画面构图。图 17-7 和图 17-8 为 2.5D 启动页样例。

图 17-7　2.5D 启动页样例 1

智能匹配目的地　　　　　　　实时旅游动态分享　　　　　　结伴出行安全欢乐

标签筛选算法，智能推荐你喜欢的目的地　　发现更多景点，解锁更多玩法，找到更多玩伴　　实名制提升，通过广场和私信得找小伙伴

● ○ ○　　　　　　　　○ ● ○　　　　　　　　○ ○ ●

图 17-8　2.5D 启动页样例 2

1. 一年中的主要节日

一月：元旦。

二月：春节、情人节、元宵节。

三月：植树节、妇女节。

四月：愚人节、清明节。

五月：劳动节、青年节、母亲节。

六月：儿童节、端午节、父亲节。

七月：党的生日。

八月：建军节、七夕节、中元节。

九月：教师节、中秋节。

十月：国庆节、重阳节、万圣节。

十一月：光棍节、感恩节。

十二月：圣诞节。

十二生肖：鼠、牛、虎、兔、龙、蛇、马、羊、猴、鸡、狗、猪。

2. 春节活动

回家（春运），祭祖，贴春联、福字、窗花，挂灯笼，年夜饭，拜年送礼，发压岁钱、红包，穿新年服装，迎财神，舞龙、舞狮子，放烟花、鞭炮，孔明灯，猜灯谜，敲锣打鼓，堆雪人，看春晚，发微信红包，福袋，搓麻将，看戏，拜神，吃鸡鸭鱼肉。

新年启动页画面常用的元素为：吉祥物（十二生肖）、灯笼、福字、鞭炮烟花、花、剪纸、铜钱、金元宝、红包（钱包）、新装、舞狮舞龙、孔明灯、鱼、鼓、春联、祥云、花草、食物（饺子、水果、鸡鸭鱼肉等）、扇子、吉祥结、发财树。

图 17-9 和图 17-10 所示为节气运营启动页构图。

常用尺寸：750×1334（2~3倍尺寸）

图 17-9　节气运营启动页构图 1

常用尺寸：750×1334（2~3倍尺寸）

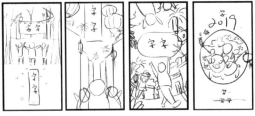

图 17-10　节气运营启动页构图 2

◆ 17.4　HTML5 推广活动页设计与弹窗设计

图 17-11 所示为运营弹窗红包样例。

图 17-11　运营弹窗红包样例

◆ 17.5　MG 交互动效设计

UI 中需要加动效的地方如下。

1）需要等待的场景。

2）页面转场的场景。

3）响应操作后有变化的点。

4）需提醒用户注意的点。

5）对操作流程有提示作用的点。

容易犯的问题：过多的不必要的动效，造成资源浪费和满屏在动，花里胡哨。图 17-12 所示为动效常见的转场设计。图 17-13 所示为动效交付程序的 TIME LINE。

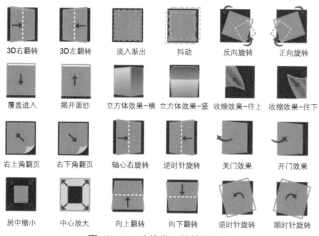

图 17-12　动效常见的转场设计

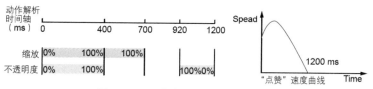

图 17-13　动效交付程序的 TIME LINE

常做的动画类型：位移的变化、旋转的变化、颜色的变化、尺寸的变化、透明度的变化、生长和裁切、空间透视的变化、一些滤镜效果。

交互动态特效可以做出的动画效果包括以下几个。

旋转缩放，入镜出镜。

压扁弹起，加速减速。

靠近离开，曲线运动。

透明度变化，移动停止。

跟随重叠，轮廓残影。

拉扯抵抗，抛物线运动。

模糊清晰和重力风力等。

具体演示教程请见视频。

◆ 17.6　吉祥物设计

吉祥物一般为卡通造型，通常为二头身或者三头身的卡通形象，注意如果有具体动物参考的需要画出动物的特征。在设计的时候，最好设计三视图，即正视图、侧视图和后视图，以便于后期做成毛绒玩具等。

一般吉祥物的表情，除了喜怒哀乐、惊讶、心心眼、瀑布汗等，还有很多种，按照需求可以增加或减少，也可以做成表情包用在 App 的发帖及社区功能中。吉祥物还可以用在 App

的一些默认页 404 或者网络不通等设计上，如图 17-14 所示。

图 17-14　吉祥物在 App 默认页中的应用

图 17-15 和图 17-16 所示为视觉客 UEGOOD 小狮娘 Q 版动作及三视图设计。

图 17-15　视觉客 UEGOOD 小狮娘 Q 版动作设计

图 17-16　视觉客 UEGOOD 小狮娘 Q 版三视图设计

第18章

前沿 UI 设计与汽车 HMI

随着当前主流技术与发展，3D 无疑是设计趋势，每一个设计细分领域都有它的身影。新奇的是它开始在扁平化所主导的 UI 领域被应用。3D 越来越频繁地被应用在设计领域，事实上是由于人们拥有触手可及的新软件，这些软件易用，甚至有些是免费的，例如 Figma 对自由职业者免费，并且拥有方便制作 3D 效果的插件。当打开复杂的软件，如 Blener、C4D、3ds Max 和 Maya，很多人都会感到无助。现在，有了像 Figma，Dimensions CC 这样的软件，任何一个设计师都能学会创作漂亮的 3D 作品，这些软件非常适合 3D 初学者。

另外一个能导致 3D 应用更普及的是苹果的新一代操作系统 MAC OS Big Sur。Big Sur 的发布将影响设计界，苹果给人们展示了一个预览版本关于新的 Mac 界面会是什么样，设计中最重要的改变是 3D 元素（icon）的应用，摒弃了灰色阴影，应用透明效果。图 18-1 所示为 3D 效果。

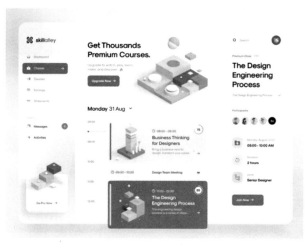

图 18-1　3D 效果

色彩是 UI 设计中最重要的视觉元素，能强调内容和加强品牌识别度，一个色彩主题设计应该是和谐的，它能帮助 UI 元素和外观很容易彼此区分开。外观包括标题、卡片、表单，以及置于背景层上的元素。这些卡片是白色的并且有柔和的阴影过渡，这样能创造一种悬浮效果，通常背景是白色或者浅灰色的。图 18-2 所示为色彩与留白。

iOS 14 带来的一些新改变会影响整个 UI 设计，组件有小、中、大 3 个尺寸，能迅速地在 App 图标之间排布，设计师必须设计 3 种尺寸风格的组件，因此用户可以选择其中的任意一种使用。每一种尺寸呈现的信息量是不一样的，所以需要清晰地展现正确的内容，更大的组件能呈现更多的信息和数据。

动画是 App 设计和用户体验中的重要部分，当下，如果一个设计是静态的，没有相应的动画，似乎就是一个半成品。有很多方法可以制作动画，例如，JSON 能将图片与动画渲染成代码。JSON 动画的优势是，相比于 GIF 它比较小，并且支持全透明。几年前，Airbnb 的一名员工创造了一个名为 Lottie 的工具，用这个工具制作小动画非常容易。Lotties 对于 iOS、安卓和 RN 都是开源的库，能实时渲染动画。如果读者还没有用过，应该尝试一下。图 18-3 所示为动画与交互。

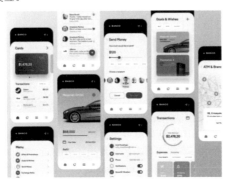

图 18-2　色彩与留白

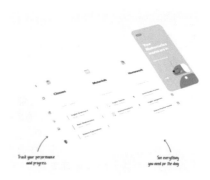

图 18-3　动画与交互

在往年的趋势指导中，我们进行了插画设计的预测。2020 年被特殊的插画所主导，并且持续到 2021 年，因为在早两年这种趋势似乎已蔚然成风，如图 18-4 所示。

Reels 是短娱乐视频内容形式。这些短视频能被用作有效的市场营销策略，随着 TikTok 的替代品 Instagram Reels 的发布，大公司已经开始使用这个工具来为自己的企业做宣传并扩大影响。这些视频不再仅仅为了青少年的消遣而制作，大品牌向宣传商支付费用，从而向年轻人推广他们的宣传视频。如果企业已经在使用社交媒体，那么 Instagram Reels 或 TikTok 也许值得一试。图 18-5 所示为社交媒体。

图 18-4　插画

图 18-5　社交媒体

动效 LOGO 已经出现了很多年，但是现在非常盛行，并且传达品牌效应，因此今年也应当受到重视。使用 App 时第一眼看到的就是 LOGO，LOGO 应该是容易记忆的，且只用一个象征性符号或字体。LOGO 融合流畅自然的动效，使得任何一个公司都能深入人心，难以忘却。

◆ 18.1　VR/AR 中的 UI 设计

在 VR/AR 中，UI 设计是一个非常重要的环节。UI 设计需要考虑如何在虚拟环境中创建直观、易于使用的界面。以下是一些关于 VR/AR 中 UI 设计的关键考虑因素。

界面布局：在 VR/AR 中，界面布局需要遵循用户的视觉和交互习惯。界面应该简洁明了，避免过多的元素和信息。同时，界面元素应该易于识别和操作，以便用户能够快速理解和使用。

交互方式：VR/AR 中的 UI 设计需要考虑到用户的交互方式。用户可以通过手势、语音或控制器等方式与界面进行交互。因此，UI 设计需要支持多种交互方式，以便用户能够根据自己的喜好和习惯进行操作。

视觉效果：VR/AR 中的 UI 设计需要创造出逼真的视觉效果。UI 元素应该与虚拟环境融为一体，呈现出高质量的视觉效果。同时，UI 元素的颜色、形状、大小和位置等属性也需要根据虚拟环境的主题和风格进行设计。

动态效果：VR/AR 中的 UI 设计需要使用动态效果来增强用户体验。例如，当用户与界面进行交互时，界面元素可以产生动画效果，如缩放、旋转或移动等。这些动态效果可以提高界面的生动性和吸引力。

适应性和可定制性：VR/AR 中的 UI 设计需要考虑到不同用户的需求和偏好。因此，UI 设计需要具有适应性和可定制性。用户可以根据自己的喜好和习惯对界面进行个性化设置，如调整元素的大小、位置和颜色等。

优化性能：VR/AR 中的 UI 设计需要考虑性能优化。由于虚拟环境中的计算和渲染资源有限，因此 UI 设计需要尽可能减少资源消耗。例如，可以使用矢量图形来减少内存占用，提高渲染速度。同时，还可以采用懒加载和异步加载等技术来优化性能。

总之，VR/AR 中的 UI 设计需要考虑多个方面，包括界面布局、交互方式、视觉效果、动态效果、适应性和可定制性，以及性能优化等。只有综合考虑这些因素，才能创造出高质量的 UI 界面，提供出色的用户体验。

18.1.1　VR 技术及其发展

VR（Virtual Reality，即虚拟现实，简称 VR）技术也称灵境技术或人工环境，其定义是集合仿真技术、计算机图形学、人机接口技术、多媒体技术、传感技术及网络技术等多领域技术而开发出来的一种计算机仿真系统，能够创建并让用户感受到原本只有在真实世界才会拥有的体验，VR 涉及的触觉感官如图 18-6 所示。

下面介绍 VR 的发展历史。1960 年，电影摄影师 Morton Heilig 提交了一款 VR 设备的专利申请文件，专利文件上的描述是，用于个人使用的立体电视设备，如图 18-7 所示。

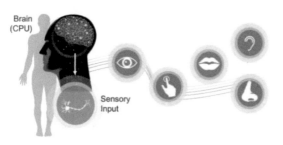

图 18-6　VR 技术　　　　　　　　　图 18-7　立体电视设备

1967 年，Heilig 又构造了一个多感知仿环境的虚拟现实系统 Sensorama imulator，这也是历史上第一套 VR 系统，它能够提供真实的 3D 体验。

1968 年，美国计算机图形学之父 Ivan Sutherlan 在哈佛大学组织开发了第一个计算机图形驱动的头盔显示器 HMD 及头部位置跟踪系统，是 VR 发展史上一个重要的里程碑。图 18-8 所示为 VR 头盔系统。

1989 年，Jaron Lanier 首次提出 Virtual Reality 的概念，被称为"虚拟现实之父"。

1991 年，一款名为"Virtuality 1000CS"的设备出现在消费市场中，由于它笨重的外形、单一的功能和昂贵的价格，并未得到消费者的认可，但掀起了一个 VR 商业化的浪潮，世嘉、索尼、任天堂等都陆续推出了自己的 VR 游戏机产品。但这一轮商业化热潮，由于光学、计算机、图形、数据等领域技术未得到高速发展，产业链也不完备，并未得到消费者的积极响应，但此后企业的 VR 商业化尝试一直没有停止。

第三次热潮源于 2014 年 Facebook 用 20 亿美元收购 Oculus，VR 商业化进程在全球范围内得到加速。三星、HTC、索尼、雷蛇、佳能等科技巨头组团加入，让人看到了这个行业正在蓬勃发展。目前，国内已经出现数百家 VR 领域创业公司，资本不断涌入这个市场，科技巨头开拓 VR 领域，不断有新的 VR 创业公司出现，覆盖全产业链环节，如交互、摄像、现实设备、游戏、应用、社交、视频、医疗等。2015 年暴风科技登陆创业板，成为"虚拟现实第一股"，吸引更多创业者和投资者进入 VR 领域。图 18-9 所示为 VR 眼镜。

图 18-8　VR 头盔系统

图 18-9　VR 眼镜

18.1.2　VR 的发展前景及体系

投资银行 Digi-Capital 发布报告称，至 2020 年，全球 AR（增强现实）与 VR（虚拟现实）市场规模将达到 1500 亿美元。DT 为全球最大的 IT 投行，曾经投资过 Facebook 和 Tiwtter 等超级公司，如图 18-10 所示。

VR 硬件设备和服务包括设备研发、设施安装、定制设备、设备调试和硬件设计。

VR 系统平台和商城包括 HTC Viveport VR 应用商店、Oculus Store、Steam VR 应用商店及谷歌 Daydream VR 界面，如图 18-11 所示。

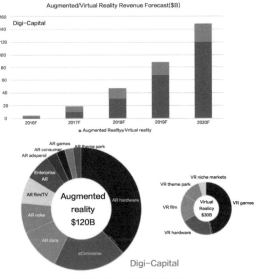

图 18-10　VR 投资前景

图 18-11　VR 系统平台与商场

VR 体验内容包括游戏、影视、教育培训、广告购物、医疗、智能导航等，如图 18-12 所示。

图 18-12　VR 体验内容

18.1.3　VR 硬件及盈利模式

目前市场上的 VR 硬件有 3 大类：主机 VR（电脑头盔）、移动 VR（手机盒子）和 VR 一体机（硬件头盔），如图 18-13 所示。

Cardboard 可以说是物美价廉版 VR 的代表，仅靠一块纸板及一组透镜再搭配几个零件就能组装完成，价格在几美元到几十美元间。根据谷歌官方给出的数据显示，截至 2015 年底，Cardboard 的销量已突破 500 万，如图 18-14 所示。

图 18-13　VR 硬件　　　　　　　　　　　　图 18-14　Cardborard 头盔

Gear VR 是三星与 Oculus 合力打造的一款优质移动端 VR 头显，是移动 VR 头显市场中的领导者，售价并不高，只需 99 美元，但是相比 Cardboard 而言，给用户带来的体验却明显高了一个档次，因此它成了很多用户的首选 VR 体验产品，然而 Gear VR 目前最大的缺点就是只能支持指定的三星旗舰手机，如图 18-15 所示。

图 18-15　Gear 头盔

相比移动端，以 PS4 主机作为计算终端的 PSVR，在 VR 体验上明显又高出很多。PS 摄像头和 Move 手动控制器，再加上一部 PS4 游戏主机，至少约近 900 美元，不过索尼的聪明之处在于 PSVR 能够依托于 PS4 运行。在 PSVR 推出之前，索尼就已经拥有了近 4000 万 PS4 用户，如此庞大的潜在用户群体有利于索尼在早期市场上取得巨大的优势，更有利于今后的推广计划。

无论是售价 600 美元的 Oculus Rift，还是售价 800 美元的 HTC Vive，搭配功能强大的个人计算机，都可以为用户带来高品质的浸入感虚拟现实体验。Oculus Rift 拥有两块 1200×1080px、刷新率为 90Hz 的 OLED 显示屏，并且内置了陀螺仪和加速度计，还包括红外传感器来 360°追踪头部的动作。同时，Oculus Rift 内置了耳机及麦克风，重量上也较轻，还可以任意调整。HTC Vive 的一大优势是具有房间追踪系统，而 Oculus Rift 仅依赖于放置在桌面上的单一传感器。在使用中，两种设备的头部跟踪都很流畅。但是，HTC Vive 可以为用户带来随意走动的室内虚拟现实体验。相比之下，Oculus Rift 仅支持用户从椅子上站起来，在桌前有限范围内进行活动。

HTC Vive 为用户带来的沉浸式体验更强，更具有进入虚拟现实的感觉。用户可以通过 HTC Vive 触碰场景中的物体，或者在游戏中通过真实手势进行交互。决定沉浸体验感好坏的因素之一是视场角度。人眼正常的视场角度是 200°左右，视场角度越大，沉浸感越好。目前大部分产品的视场角度约为 110°～120°，而且眼睛盒子比 PC 头显的视场角度更低，沉浸感更差。

18.1.4　VR 交互

如同平面时代的图形界面交互，会在不同的场景下有不同的表现形式，VR 交互同样不会只有唯一通用的交互手段。同时，VR 的多维特点注定了它的空间交互要比平面图形交互拥有更加丰富的形式。目前，VR 交互形式仍在探索和研究中，通过与各种高科技结合，会给 VR 交互带来无限可能。

VR 交互隐喻的两个目标是"替代"与"超越"。作为 VR 交互，首先要能够完成目前平面图形交互的所有功能，如单击、滑动、滚动、拖曳，操作键盘，也就是"替代"。

第二个目标就是"超越"，能够完成在平面图形，甚至在现实世界中所无法完成的功能。比如空间交互，包括模拟触觉、光电定位、体感控制、手势识别、语音控制、场景模拟等。

VR 的 9 种常用交互如下。

动作捕捉：用户想要获得完全的沉浸感，真正"进入"虚拟世界，动作捕捉系统是必须的。目前专门针对 VR 的动捕系统，分为昂贵的商用级设备及部分功能在特定场景中使用的动作捕捉，其实动作捕捉在电影特效技术上已经得到了广泛应用，但是这类设备因其固有的易用性门槛，需要用户花费比较长的时间穿戴和校准才能够使用。相比之下，Kinect 等价格便宜的光学设备在某些对于精度要求不高的场景中应用起来反而显得更方便实用，VR 动作系统如图 18-16 所示。

触觉反馈：这里主要是指按钮和振动反馈，这就是下面要提到的一大类，虚拟现实手柄。目前三大 VR 头显厂商 Oculus、索尼、HTC Valve 都不约而同地采用了虚拟现实手柄作为实现标准交互模式的设备：两手分立的、6 个自由度空间跟踪的（3 个转动自由度和 3 个平移自由度）、带按钮和振动反馈的手柄，如图 18-17 所示。

图 18-16　动作捕捉

图 18-17　触觉反馈

眼球追踪：提起 VR 领域最重要的技术之一，眼球追踪技术绝对值得从业者密切关注。眼球追踪技术的基本原理是将一束光打到眼球上，通过瞳孔和角膜反射光算法来计算追踪视线。眼球追踪技术被大部分 VR 从业者认为将成为解决虚拟现实头盔眩晕问题的一个重要技术突破。难点是如何判定眼球的有意识移动和无意识移动。眼球追踪技术如图 18-18 所示。

肌电模拟：VR 拳击设备 Impacto 结合了触觉反馈和肌肉电刺激精确模拟实际感觉。震动马达和肌肉电刺激两者的结合能够给人们带来一种"拳拳到肉"的错觉，因为这个设备会在恰当的时候产生类似真正拳击的"冲击感"，如图 18-19 所示。

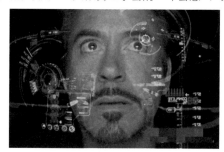

图 18-18　眼球追踪

图 18-19　肌电模拟

手势跟踪：手势跟踪分为光学跟踪和数据手套跟踪，光学跟踪的优势是不需要在手上穿戴设备，缺点是受场景限制。

数据手套则是在手套上集成了惯性传感器来跟踪用户的手指乃至整个手臂的运动。

它的优势在于没有视场限制，而且完全可以在设备上集成反馈机制（比如震动、按钮和触摸）。缺点是穿脱不便。

方向追踪：方向追踪除了可以用来瞄点，还可以用来控制用户在 VR 中的前进方向。不过，方向追踪在很多情况下会受空间限制，比如无法进行 360° 的旋转。

交互设计师给出的解决方案是单击鼠标右键则可以回到初始方向或者重置当前凝视的方向，也可以通过摇杆调整方向或按下特定按钮回到初始方向，方向追踪演示。

语音交互：进入 VR 世界后，如果视觉界面出现图形提示则会干扰用户沉浸式体验，最好的解决方案是使用语音。进行语音交互更加自然。

传感器：传感器能够帮助人们与多维的 VR 信息环境进行自然交互。比如能模拟行走的万象走盘，能感受射击游戏中弹的感觉及微风吹过的感觉的全身传感设备。这些都是由设备上的各种传感器产生的，比如智能感应环、温度传感器、光敏传感器、压力传感器、视觉传感器等，能够通过脉冲电流让皮肤产生相应的感觉，或是把游戏中触觉、嗅觉等感觉传送到大脑。

现实对应空间地形：就是制造出一个与虚拟世界的墙壁、障碍物和边界等完全一致的真实场地。比如超重度交互的虚拟现实主题公园 The Void 就采用了这种方法，它是一个混合现实型的体验，把虚拟世界构建在物理世界之上，让使用者能够感觉到周围的物体并使用真实的道具，如手提灯、剑、枪等。

18.1.5 VR 项目设计流程及应用领域

VR 项目设计流程通常如下。

市场调研—产品定义—策划案—市场推广方案—项目解决方案—确定使用的引擎—确定美术素材规格—确定编程语言—若是联网游戏则确定网络协议服务器—关卡设计—游戏玩法—数值设计—建模动画—场景搭建—开发测试—发布运营。

VR 应用领域包括以下几个方面。

1）VR 培训教育，如幼儿涂鸦墙。

2）VR 虚拟博物馆。

3）VR 游戏。

4）建筑家居。

5）即时信息帮助、浏览上网。

6）虚拟扫墓见亲人、主题公园。

7）交通信息。

8）VR、AR 建筑。

9）社交商务，如图 18-20 所示。

图 18-20 社交商务

10）VR、AR 运动。

11）AR 立体读物。

12）AR 立体广告单。

13）VR、AR 医疗。

14）VR、AR 电商购物。

15）VR 穿戴硬件动作捕捉。

16）旅游体验。

◆ 18.2 汽车 HMI 中的 UI 设计

HMI 是 Human Machine Interface 的缩写，即"人机接口"，也称为"人机界面"。人机界面（又称用户界面或使用者界面）是系统和用户之间进行交互和信息交换的媒介，它实现信息的内部形式与人类可以接受形式之间的转换。凡参与人机信息交流的领域都存在着人机界面。

　　一般而言，HMI 系统必须有几项基本的能力：1）实时的资料趋势显示——把撷取的资料立即显示在屏幕上。2）自动记录资料——自动将资料储存至数据库中，以便日后查看。3）历史资料趋势显示——把数据库中的资料作可视化的呈现。4）报表的产生与打印——能把资料转换成报表的格式，并能够打印出来。5）图形接口控制——操作者能够透过图形接口直接控制机台等装置。6）警报的产生与记录——使用者可以定义一些警报产生的条件，比方说温度过高或压力超过临界值，在这样的条件下系统会产生警报，通知作业员进行处理。

　　图 18-21 所示为智能洗衣机的 HMI 设计，人与洗衣机显示屏的一种交互。

　　HMI 人机界面是系统和用户之间进行交互与信息交换的媒介，它实现将产品的内部信息传输给人类，从而使人类可以简单、便捷地接受此产品的内部信息的一种转换。

　　图 18-22 所示为 Buhler Sortex 机器的 HMI 设计，用于高级工厂食品分拣。Buhler Sortex 是为全球食品和非食品加工行业创新和提供光学分选解决方案的全球领导者。每台分拣机都包括一个触摸屏用户界面，使操作员能够调整设置和控制机器。

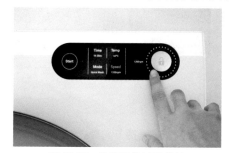

图 18-21　洗衣机的 HMI 设计

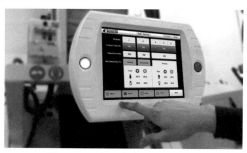

图 18-22　食品分拣机的 HMI 设计

18.2.1　什么是汽车 HMI 设计

　　汽车 HMI 设计主要是研究人与汽车的人机交互界面，注意这个界面只是一个代称，汽车 HMI 界面包含开关、按钮、大屏、语音、控制杆等。其中，汽车的内饰设计和汽车 HMI 息息相关，但也有所区分，内饰设计强调的是主观整体感受，而汽车 HMI 是承担人与车之间有效信息交互的载体，侧重的是人与界面、人与车各系统的使用体验与感受。人与车的交流都存在着汽车 HMI 界面。图 18-23 所示为汽车 HMI 设计的总览，其中还包括乘客屏的设计。

图 18-23　汽车 HMI 设计

18.2.2　汽车 HMI 设计包括什么

　　HMI 人机界面产品的定义：连接可编程序控制器（PLC）、变频器、直流调速器、仪表等工业控制设备，利用显示屏显示，通过输入单元（如触摸屏、键盘、鼠标等）写入工作参数或输入操作命令，实现人与机器信息交互的数字设备，由硬件和软件两部分组成。硬件部分包括处理器、显示单元、输入单元、通信接口、数据存储单元等，其中处理器的性能决定了

HMI 产品的性能高低，是 HMI 的核心单元；软件部分就是通过编程控制的程序、界面图形设计，也就是常说的 UI 设计。

图 18-24 所示为汽车驾驶舱前部分的 HMI 设计主要组成部分。

根据 HMI 的产品等级不同，可编程程序控制器可分别选用 8 位、16 位、32 位、64 位的处理器。HMI 软件一般分为两部分，即运行于 HMI 硬件中的系统软件和运行于 PC Windows 操作系统下的画面组态软件。使用者都必须先使用 HMI 的画面组态软件制作"工程文件"，再通过 PC 和 HMI 产品的串行通信接口，把编制好的"工程文件"下载到 HMI 的处理器中运行。图 18-25 所示就是通过控制器将软件系统下载到汽车 HMI 的处理器中运行并测试的过程。

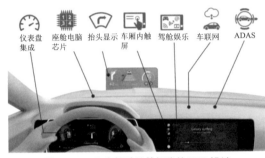

图 18-24　汽车驾驶舱前部分的 HMI 设计　　　　图 18-25　汽车 HMI 系统的载入

18.2.3　HMI 人机界面产品的基本功能及选型指标

汽车 HMI 人机界面产品各式各样，选择的标准也很多，总体概括下来其基本功能和选型指标如下。

1. 基本功能

1）设备工作状态显示。

2）数据、文字输入操作，打印输出。

3）生产配方存储，设备生产数据记录。

4）简单的逻辑和数值运算。

5）可连接多种工业控制设备组网。

2. 选型指标

1）显示屏尺寸及色彩，分辨率。

2）HMI 的处理器速度性能。

3）输入方式：触摸屏或薄膜键盘。

4）画面存储容量，注意厂商标注的容量单位是字节还是位。

5）通信接口的种类及数量，是否支持打印功能。

3. HMI 人机界面产品分类

薄膜键输入的 HMI 的显示尺寸小于 5.7in，画面组态软件免费，属于初级产品；显示屏尺寸为 5.7 ～ 12.1in，画面组态软件免费，属于中级产品；基于平板 PC 计算机的、多种通信接口的、高性能 HMI 人机界面，显示尺寸大于 10.4in，画面组态软件收费，属于高端产品。

图 18-26 所示为某款 HMI 人机界面产品的指标参数表。

型号	DOP-107CV	DOP-107EV	DOP-110CS
显示器 面板种类	7" TFT LCD (65,535 色)	7" TFT LCD (65,535 色)	10.1" TFT LCD (65,535 色)
分辨率 (Pixels)	800 x 480	800 x 480	1024 x 600
背光灯	LED Back Light (常温 25℃ 下半衰期 > 2 万小时)*1		
显示范围	154.08 x 85.92 mm	154.08 x 85.92 mm	226mm * 128.7mm
亮度 (cd/m²)	400 cd / m² (Typ.)	400 cd / m² (Typ.)	300 cd / m² (Typ.)
中央处理器	ARM Cortex-A8 (800MHz)		
Flash ROM (Bytes)	256 Mbytes		
RAM (Bytes)	256 Mbytes		
触控面板	四线电阻式 > 10,000,000 operated		四线电阻式 > 1,000,000 operated
音效输出 蜂鸣器	Multi-Tone Frequency (2K ~ 4K Hz) / 80dB		
AUX	N/A	N/A	N/A
网络端口	N/A	1 Port, 10/100 Mbps 自动侦测*2	N/A
USB	1 USB Slave Ver 2.0；1 USB Host Ver 2.0		
SD	N/A	N/A	N/A
串行通信端口 COM1	RS-232 (支持流量控制)*2	RS-232 (支持流量控制)*2	RS-232 (支持流量控制)*2
COM2	RS-232 (支持流量控制) / RS-485*2	RS-232 (支持流量控制) / RS-485*2	RS-232 (支持流量控制) / RS-485*2
COM3	RS-422 / RS-485*2	RS-422 / RS-485*2	RS-422 / RS-485*2
辅助键	N/A		
万年历	内置		
冷却方式	自然冷却		
安规认证	CE / UL（请使用 shielding 网线与使用磁环 300 ohm / 100 MHz 滤波）		
面板防水等级	IP65 / NEMA4 / UL TYPE 4X (仅限用于室内环境)		
工作电压 (Note3)	DC +24V (-15% ~ +15%) 请使用隔离式电源供应器 Supplied by Class 2 or SELV circuit (isolated from MAINS by double insulation)		
绝缘耐力	DC24V 端子与 FG 端子间：AC500V，1 分钟		
消耗功率 (Note 3)	8.5 W (Max)*3	8.76 W (Max)*3	10.4 W (Max)*3
记忆体备份电池	3V 锂电池 CR2032 × 1		
备份电池寿命	依使用环境温度及使用条件而不同，常温 25℃ 下寿命约三年以上		
操作温度	0℃ ~ 50℃		
储存温度	-20℃ ~ +60℃		
工作环境	10% ~ 90% RH【0 ~ 40℃】，10% ~ 55% RH【41 ~ 50℃】，污染等级 2		
耐震动	IEC61131-2 规定连续震动 5 Hz ~ 8.3 Hz 振幅 3.5 mm；8.3 Hz ~ 150 Hz 振幅 1G		
耐冲击	IEC60068-2-27 规定耐冲击 11 ms, 15G Peak, X, Y, Z 方向各 6 次		
尺寸 (W) x (H) x (D) mm	215 x 161 x 50	215 x 161 x 50	272 x 200 x 61
开孔尺寸 (W) x (H) mm	196.9 x 142.9	196.9 x 142.9	261.3 x 189.3
重量	约 970 g	约 970 g	约 1330 g

图 18-26 HMI 人机界面产品指标参数表

18.2.4 汽车人机界面的使用方法

有了 HMI 产品、HMI 图形界面、HMI 交互软件之后，要想搭建好人机界面系统，主要通过以下 4 个步骤。

第 1 步：明确监控任务要求，选择适合的 HMI 产品。

第 2 步：在 PC 上用画面组态软件编辑 "工程文件"。

第 3 步：测试并保存已编辑好的 "工程文件"。

图 18-27　模拟驾驶

第 4 步：PC 连接 HMI 硬件，下载"工程文件"到 HMI 中。

如图 18-27 所示，在 HMI 产品设计完准备上线安装之前，都有一个模拟的过程。

18.2.5　汽车 HMI 设计师的综合能力

新能源智能化汽车的到来，使汽车 HMI 设计迎来了阶段性的发展，对于传统的汽车 HMI 设计师来说又多了一些新的要求，除了包括以往基于工业设计的 HMI 设计的综合能力，还需要融入一些互联网 UI 设计师的能力，特别是人工智能语音交互的普及使用，给 HMI 设计师增加一些新的挑战。

另外，智能汽车 HMI 是一个系统性的创新，需要从整个系统的多个维度综合考虑，更需要从科技的创新角度上去分析并加以应用。

图 18-28　HMI 设计师综合能力图

图 18-28 所示为汽车 HMI 设计师综合能力体现的综合表，具体包括交互设计、工业设计、视觉设计、信息架构、产品架构、工程学、人因与工效学、编程、原型、服务设计、心理学、音效与动画等。

在 HMI 设计师综合能力图里面有一项人因与工效学比较难理解，下面具体解释一下。

人因与工效学是一门正在迅速发展的新兴学科，也是一门涉及多个领域知识的交叉学科。它通过对人类的研究，利用有关人类的科学数据和方法来改善人们与工作、环境、产品、服务和其他人的互动。因此你会学到很多跨领域的知识，包括心理学、行为学、工程学、设计、分析等。

人因与工效学是一门非常重要的学科，它被运用到许多行业，包括产品设计、医疗保健、制造、运动、IT 等。以汽车设计为例，在设计过程中，通过对人类的研究来确保汽车的安全、舒适，并使乘客感到满意和开心。还有医疗设备、交通系统、教育工具、自动驾驶汽车、军事装备、摩托车等，许多产品在设计时都融入了对人类因素的研究，才能使客户满意和开心。因此，作为一名人因工程学家或工效学家，可以从事一些设计工作，例如设计移动计算设备，也可以考虑设计用于容纳该设备的硬件，或者家具设计或工作场所设计。

综合前面对汽车 HMI 设计师能力的了解，可知汽车 HMI 设计师必须掌握的软件有 10 种。

视觉设计类软件：Photoshop、Illustrator。

原型、交互设计类软件：Axure。

UI 设计类软件：Sketch、XD、Principle、Figma。

工业设计类软件：C4D、Blender。

音效 & 动画类软件：Audition、After Effects。

协同类软件：蓝湖、墨刀、Master GO。

编程与引擎类软件：Unity 3D、Unreal Enging 虚幻 5。

其他三维类软件：3ds Max、Maya、Rhino。

以上软件也不是完全必须掌握，除了编程与引擎类软件，其他的基本上也都需要用到，大家掌握到够用的程度即可，有些同类的软件只要掌握其一即可。

图 18-29 所示为汽车 HMI 设计师需要掌握的软件概要图。

软件永远是设计工具，大家更需要的是掌握设计的核心，设计的思想，以及设计的流程、方法与标准。

汽车 HMI 设计也属于大 UI 设计范畴，一名合格的汽车 HMI 设计师首先是一名优秀的 UI 设计师，汽车 HMI 设计在设计能力方面的综合体现如图 18-30 所示。

图 18-29　汽车 HMI 设计师需要掌握的软件

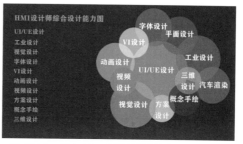

图 18-30　汽车 HMI 设计师需要掌握的设计能力

对汽车 HMI 设计师的要求不仅是落地的方案设计，更需要大家能做前瞻性的概念与创意设计，需要掌握的设计能力主要包括 UI/UE 设计、视觉设计、工业设计、平面设计、字体设计、VI 设计、动画设计、视频设计、方案设计、概念手绘、三维设计、汽车渲染等。

智能化汽车的到来，汽车 HMI 设计迎来了阶段性的发展与变革，汽车 HMI 设计是一个系统性的创新，需要从整个汽车系统的硬件维度、软件系统维度、HMI 设计维度、汽车平台维度去综合考虑并设计出最优化的人机交互与视觉呈现的整体方案。

汽车行业变革造就 "汽车产品经理" 和 "汽车 HMI 设计师" 等角色在汽车设计领域抛头露脸，并承担起用户体验的核心设计工作，汽车 HMI 设计师将成为继汽车外观造型、汽车内饰设计之后的第三个主观感知要素，再往上提升就是整个智能座舱的设计，汽车行业的变革已经来临，要求设计师保持不断提升的学习力。

HMI 设计发展至今，借鉴了移动互联网终端的设计思路，形成了针对性与相对专业的规范与设计流程，由于汽车 HMI 设计较移动互联终端最大的差异是品牌及车型定位调性化和定制化设计，因此，在设计流程上是借鉴互联网移动端而制定的，但又有更多受限于驾乘环境和品牌调性的考量成份。

18.2.6　汽车 HMI 设计流程步骤

汽车 HMI 设计的流程步骤，概括起来主要有以下 11 步。

第 1 步：产品诉求需求分析，特别是核心关键点需求（如车型定位、受众、个性诉求、风格调性）、主要场景功能诉求等。

第 2 步：市场调研和对标：了解当前或未来两年竞品的设计特点和设计趋势。

第 3 步：进行头脑风暴，评审后进行视觉主题定版。

第 4 步：产品功能梳理，交互逻辑思维导图和各模块交互原型图绘制。

第 5 步：用户体验分析与提升，交互文档输出。

第 6 步：设计规范制定及组件库搭建。

第 7 步：各模块高保真视觉延展设计。

第 8 步：主体设计评审。

第 9 步：设计稿效果图及交付物输出（切片与坐标）。

第 10 步：测试反馈处理。

第 11 步：存档以备迭代。

18.2.7 汽车 HMI 设计规范

下面以特斯拉汽车的 HMI 设计规范为例，简明扼要地讲解汽车 HMI 设计的规范。TESLA 的汽车 HMI 设计布局如图 18-31 所示。

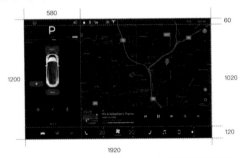

图 18-31 TESLA Model 3 汽车 HMI 设计布局

HMI 视觉设计由于显示屏的显示方式、屏幕大小和分辨率的不同，因而页面显示的元素、比例和位置根据是否影响用户的操控习惯和是否方便用户使用，以及整体版面的视觉美观和协调来定，因而要根据不同的显示屏尺寸和不同分辨率及实际显示区域大小进行实际调整。

还要设置色彩、文字及版面间距标准。TESLA 的汽车 HMI 色彩标准如图 18-32 ～图 18-34 所示。

图 18-32 TESLA Model 3 汽车 HMI 设计色彩标准 1 图 18-33 TESLA Model 3 汽车 HMI 设计色彩标准 2

图 18-34 TESLA Model 33 汽车 HMI 设计色彩标准 3

TESLA 的汽车 HMI 的字体标准如图 18-35 和图 18-36 所示。

图 18-35　TESLA Model 3 汽车 HMI 字体设计标准 1　图 18-36　TESLA Model 3 汽车 HMI 字体设计标准 2

关于汽车 HMI 设计元素间距不同的布局，其规范会根据实际情况调整，但 DOCK 栏 ICON 的间距有一定的参考性，需要在关系视觉和操控两者间进行平衡。

汽车 HMI 设计控件和图标标准如图 18-37 和图 18-38 所示。

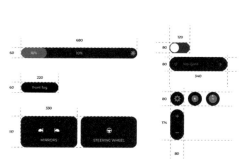

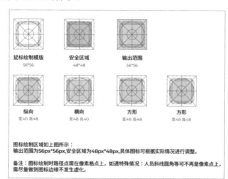

图 18-37　TESLA Model 3 设计控件规范　　图 18-38　TESLA Model 3 汽车 HMI 设计图标规范

图标的设计规范同移动端一样，但要注意不同区域或用途的图标是否有热区和最佳的显示大小。

HMI 设计完稿后，需要进行输出交付给开发，设计过程应保持良好的文件命名及图层分类分组与命名。由于 HMI 模块较多，相关控件多种多样，因此，规范化的文档命名和交付物命名非常重要。

◆ 18.3　数据信息可视化中的 UI 设计

信息可视化（英文为 Information Visualzation）是 1989 年由斯图尔特·卡德、约克·麦金利和乔治·罗伯逊创造出来的。首届 IEEE 可视化大会（Visualization Conference）于 1990 年举办，此次会议初次组建起了一个由地球资源科学家、物理学家及超级计算机方面的计算机科学家组成的学术群体。

数据可视化 UI 设计是一种将数据以图形或图表的形式展示在用户界面上的设计方法。这种设计方法可以帮助用户更好地理解数据，发现数据之间的关联和趋势，从而做出更好的决策。

在进行数据可视化 UI 设计时，需要考虑到以下几个关键因素。

数据类型：根据所要展示的数据类型，选择最适合的图表或图形。例如，对于时间序列数据，可以选择折线图或柱状图；对于分类数据，可以选择饼图或条形图。

目标受众：不同的用户群体有不同的认知习惯和信息获取方式，因此需要根据目标受众的特点来选择合适的数据可视化方式。

色彩和视觉效果：数据可视化设计需要利用色彩和视觉效果来突出数据的特点和趋势，同时也要保证视觉效果的清晰和易读。

交互性：一个好的数据可视化 UI 设计应该具备一定的交互性，使用户能够更深入地探索和分析数据。例如，可以通过点击或拖曳来放大或缩小图表范围。

可扩展性和可定制性：数据可视化 UI 设计应该具有一定的可扩展性和可定制性，以便适应不同的数据集和用户需求。

在实际应用中，可以通过使用专业的数据可视化工具或库来实现数据可视化 UI 设计。这些工具或库提供了丰富的图表类型、颜色和样式选项，以及强大的交互功能，可以帮助设计师快速创建出高质量的数据可视化界面。同时，也可以通过学习和借鉴其他优秀的数据可视化作品，来提高自己的设计水平。

18.3.1 数据信息可视化的优点

从淘宝开始打造"双十一"购物节，在大屏上实时呈现交易数据开始，大屏终于不再只是简单的"PC 标准屏画面投屏"或者是"视频监控画面墙"，大屏才算是真正找到了用武之地。

数据信息可视化的优点主要包括以下几点。

快速理解信息：人类对视觉信息的处理速度非常快，因此使用图表和图像来呈现信息可以更容易地被理解和吸收。

揭示模式和趋势：通过可视化数据，人们可以更容易地识别模式和趋势，从而更好地理解数据并发现其中的规律。

提高沟通效率：可视化数据可以快速传达关键信息，这对于团队之间的沟通非常有效，特别是在报告、演示和其他需要解释复杂数据的场合。

促进探索性分析：通过可视化，人们可以更容易地探索数据，从而发现未知的模式和关联。

易于审查和验证：可视化数据可以帮助人们更容易地检查数据是否存在异常或错误，因为它可以快速地显示数据中的异常值或错误。

辅助决策制定：可视化数据可以帮助决策者更好地理解数据，从而做出更明智的决策。

提高数据可访问性：对于那些不熟悉电子表格或数据库的人，可视化数据可以使他们更容易地理解数据，从而提高数据的可访问性。

降低复杂性：通过可视化复杂数据，人们可以更容易地理解它，从而降低数据的复杂性。

支持跨平台分享：现在的可视化工具大多支持在多个平台和设备上查看，这意味着人们可以在任何地方轻松分享和查看数据。

激发创造力：可视化数据可以帮助人们释放创造力，从而在解决问题、制定策略和进行创新方面取得突破。

超大屏幕区域、极具冲击力的颜色搭配、炫酷动效、3D 多维视角等，大屏在观感上给人们留下的除了震撼，还是震撼。与传统的显示器相比，大屏善于调动观众情绪，引发观者共鸣。国内部分企业开始意识到大屏展示带来的经济效益，纷纷建设起自有的大屏设施及大屏项目。从第一个卫星发射中心的大屏项目开始，在航天、航空、兵工、电力、核能、风能、公安、电信、政企等多个领域都涉及大屏界面设计及开发经验。大屏界面设计的关键一步，就是采用什么样的交互方式？与传统电脑端界面设计有何区别？如图 18-39 所示。

另外，三维空间交互帮助人们从二维的交互框架中解放出来，建立更加自然的、三维环境下的交互框架，从而带来更好、更真实的用户体验。在传统二维交互框架中，所有的信息呈现都只能呈现某个维度，非常单一，用户无法从多维度来了解信息。在大屏界面设计中，三维空间交互即将成为一种新的设计趋势，通过多维度场景的搭建，融入各类控件、3D 模型等，给用户以身临其境的感觉。三维空间交互框架可利用的界面区域可能并不仅仅是现有大屏屏幕这么大，还有在三维场景中隐藏的那些空间，通过用户与三维场景的交互，可以使那些空间也被利用起来。三维空间交互方式，给大屏界面设计创造了更多可能性和想象空间，如图 18-40 所示。

图 18-39　数据信息可视化优点

图 18-40　三维空间交互

18.3.2　数据可视化 UI 设计流程

大数据信息显示界面是用户与系统交互的唯一工具，用户通过解码这一过程获取信息。而且大数据信息冗杂和庞大，不能将所有初始信息全部在界面设计中呈现，为了更好地让用户进行解码，因此在"解码"即界面设计的过程中需要以用户为中心。BenFry 在他的著作《可视化数据》里把数据可视化的流程分为了 7 步：获取、分析、过滤、挖掘、表示、修饰和交互。在这些流程中并不是每个步骤都是以用户为核心来执行的，且其侧重点在于数据展现方面，文中提出一种将用户研究贯穿于整个过程的界面设计方法。此方法包含需求调研、数据分析、设计规划和检测检验 4 个阶段，每个阶段都要求设计者具有同理心去进行，从用户的视角展示用户期望获取的信息。

数据信息可视化 UI 设计流程如下。

1）明确目标和内容：明确数据可视化的目标和内容，例如，是为了展示销售数据、用户行为数据还是其他类型的数据。

2）数据准备：根据目标确定需要的数据源，并进行数据清洗和整理，确保数据准确性和完整性。

3）设计草图：根据数据和目标，设计可视化的草图，包括图表类型、颜色、布局等。

4）制作原型：根据草图，使用相应的工具制作可视化的原型，如使用 Excel、Tableau 等工具。

5）用户测试：将原型给用户测试，收集反馈意见。

6）优化和调整：根据用户反馈进行优化和调整，包括图表细节、颜色、文字等。

7）最终呈现：将最终的可视化结果呈现给用户，可以是静态图表、动态图表或者交互式图表等。

以上是数据信息可视化 UI 设计的基本流程，具体流程可能会根据项目需求和目标而有所不同。

另外，大数据可视化大屏设计少不了动效，动效是可视化重要的组成部分，动效的增加能让大屏看上去是活的，增加观感体验。在整个动效设计的过程中，除过场动画和数据的变化，动效还肩负起增添空间感、平衡画面和整合信息的作用。但是在增加动效的同时，仍需考虑服务器在承载大量数据涌入的同时，是否能够承载较多的动效，分析画面与数据量，对动效部分进行适当取舍，使动效不必喧宾夺主，明确画面中的重点进行展示。把握动效设计这个度其实并不难，只要看起来舒服不影响数据清晰展示即可，有数据展示的页面最好动的地方不宜过多。如果要多，几个动画就得有节奏的变化，例如一个动画表现得视觉强，另一个就表现稍弱化，节奏有强有弱、有主有次才会舒服，同时动效能结合数据的变化而变化最好，这样看数据内容时就不易被动画抓走眼球。

完成所有的设计工作后，需要对可视化显示界面进行测试检验，以确保设计的界面能够拥有良好的用户体验，也便于进行设计修改。测试检验主要包含 Review 需求、实地测试和可行性测试 3 部分。Review 需求是为了保证用户所提的每个需求在项目需求分析时，进行数据分析和设计的过程中没有被遗漏，而且已经进行了充分的展示。实地测试是为了保证设计可视化界面展示的硬件载体与当前设计所用的硬件载体的不同，所以需要将其进行实地测试，确保实地使用的具体效果，其中包括动效是否达到预期、色差是否能接受等。可行性测试主要检验所设计的可视化界面能否快速地被用户"解码"，可以让设计者作为讲解员，给用户讲解所设计的界面，能否使用一句话或者一段话描述界面，同时让用户能够理解。

大屏设计是一个长期跟进的过程，有很多问题会在数据真正进来时，放在大屏上才能发现，所以等产品做到落地时，设计方面要积极跟进改进及产品的迭代升级。

◆ 18.4 游戏设计中的 UI 设计

游戏设计按游戏载体可分为电子游戏和非电子游戏。

按游戏内容可分为：RPG（Role Playing Game）角色扮演游戏、ARPG（Action RPG）动作角色扮演类游戏、SRPG（Simulation RPG）模拟角色扮演类游戏、FPS（First Person Shooting）第一人称射击游戏、RTS（Real Time Strategy）即时战略游戏、AVG（Advanture Game）冒险类游戏、SLG（Simulation Game）策略与战棋类游戏、RAC（Race Game）赛车竞速类游戏、ACT（Action Game）动作类游戏、SIM（simulation）模拟经营类游戏、EDU（education）养成类游戏、FLY（Fly Game）飞行模拟类游戏、TAB（Table Game）桌面类游戏、SPG（Sport Game）体育类游戏、FTG（Fighting Game）格斗类游戏、SFTG（Simulation FTG）模拟格斗类游戏、PUZ（Puzzle Game）益智类游戏、STG（Shooting Game）射击类游戏、ETC（Etcetra Game）其他类游戏。

按游戏平台可分为：主机游戏（Xbox、PS、Wii）、电脑游戏（PC/Mac）、街机游戏、便携游戏（NDS、PSP、手机）。

按游戏对抗方式可分为：P V P（Player VS Environment）游戏、P V E（Player VS Player）游戏。

游戏 UI 设计是 UI 设计的一个细化分支，UI 设计是指对软件的人机交互、操作逻辑、界面美观的整体设计，相应地，游戏 UI 设计是专门针对游戏而言的，包括视觉设计、交互设计、用户体验 3 部分。现在市面上常说的游戏 UI 设计师其实大多数只是 UI 视觉设计师，所以游戏手绘能力要特别突出。

游戏开发团队一般划分为：游戏策划团队、游戏美工团队、游戏程序团队、游戏辅助、销售、运营和管理人员，如图 18-41 所示。

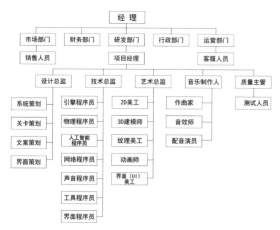

图 18-41　游戏开发团队

18.4.1　游戏风格

按 UI 界面的画风来分，主要有 Q 版和写实两大类，如图 18-42 所示。

图 18-42　写实类游戏

写实风主要是指那些人物造型角色完全按模拟真人和真实世界，适合走剧情线的游戏。多用在适合端游、页游中。很多射击、动作、开放世界、VR、RPG 等都是写实风。

Q 版风多为手机游戏，比如旅行青蛙那种。这种风格多用在女性向、萌系、小清新、猜谜、动画类型中，小屏幕方寸之间最适合 Q 版大色块，用夸张的造型去表达内容，如图 18-43 所示。

图 18-43　Q 版类游戏

如果按文化底蕴来分，则可以分为以下几类。

中国风：水墨、武侠、三国、修仙、中国历史题材，以及各种有中国元素的题材，根据游戏剧情确定 UI 风格。包括浮世绘、版绘、大量的茶色、中国红等，这些都是中国风，如图 18-44 所示。

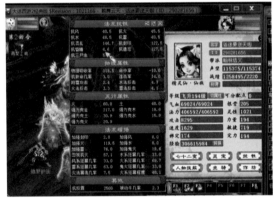

图 18-44　中国风

日风（和风）：日漫、日本战国，表现手法多为平涂，人物角色的设计很像日漫，各种美型风与不符合人体真实比例构造的纸片人。有像阴阳师那种讲述日本平安京的时代的，和风形式，很唯美，如图 18-45 所示。

图 18-45　和风

欧美风：魔兽、暗黑、魔幻、赛博朋克、蒸汽朋克、哥特、末日废土、后启示录、科幻、欧洲中世纪等，非常多，如图 18-46 所示。

图 18-46　欧美风

18.4.2　游戏 UI 设计的原则及注意事项

　　游戏界面的好坏直接影响着玩家对游戏的兴趣，所以很多游戏界面设计需要花费心思来吸引玩家的眼球，若一开始玩家对界面产生好感，那么在其后的其他项评定后，玩家的内心会趋向认同，所以游戏 UI 设计要遵循用户需求这个硬性原则。

　　游戏 UI 设计原则主要包括以下几个方面。

　　易用性：界面设计应尽可能简洁，突出主要信息，隐藏不重要的内容，便于玩家使用，减少在操作上出现错误。这种简洁性的设计和人机工程学相似，都是为了方便人的行为。

　　视觉明确：视觉效果的清晰有助于游戏玩家对界面内容目的的理解，方便游戏玩家对功能的使用。通过轮廓、色相、明度、纯灰、虚实、主次、比例、疏密对比等手法来提高视觉清晰度，突出重点，减少识别误区。

　　实时的反馈：界面的视觉与操作上必须有及时的反馈。界面流畅程度会严重影响玩家的整体游戏体验，十分之一秒的延迟也会让玩家难以接受。实时的反馈并不是要求在界面控件所对应的功能上立即产生映射，而是玩家心理上的需要。

　　导航清楚：游戏界面的导航一定要清楚，要让玩家能够知道自己是在游戏的哪个位置，哪个模块。试想如果玩家第一次进入你的游戏，肯定是每个地方都点点看看有什么玩法、功能等。如果发现很多东西都找不到，或者是要好几步才能找到，这会大大降低玩家的期待值，以及继续玩这个游戏的欲望。

　　风格统一：游戏 UI 设计的界面风格要统一，无论是古风还是科技风格，都要保持一致。统一的风格能让玩家在使用过程中感到软件的一致性及舒适感。

　　减少输入：游戏的界面一定要减少玩家的输入，除去注册时，最后就只有昵称、聊天这部分的更换输入。如果输入过多，一是输入的错误率极高，二是会让游戏 UI 设计的难度加大。

　　功能的实现：游戏的主界面最好能实现所有的功能，让玩家在这个页面里可以看到游戏的大部分功能及玩法，可以进入任何一个模式，而不是反复跳跃。这样可以让玩家感觉更舒适，玩起来也更加方便，更能吸引玩家。

　　玩家情感化设计原则：界面设计语言要能够代表游戏玩家说话而不是设计者。

　　界面设计要尽量简洁，目的是便于游戏玩家使用，减少操作上的错误。这种简洁性的设计和人机工程学非常重视，也可以说就是同一个方向，都是为了方便人的行为而产生的。在现阶段已经普遍应用于人们生活中的各个领域，并且在未来还会继续拓展，如图 18-47 所示。

图 18-47　设计简易

　　界面设计的语言要能够代表玩家说话而不是设计者。这里所说的代表，就是把大部分玩家的想法实体化表现出来，主要通过造型、色彩、布局等几个主要方面，不同的变化会产生不同的心理感受，例如，尖锐、红色、交错带来了血腥、暴力、激动、刺激、张扬等情绪，适合打击感和比较暴力的作品，而平滑、黑色、屈曲带来了诡异、怪诞、恐怖的气息，又如分散、粉红、嫩绿、圆润则带给人们可爱、迷你、浪漫的感觉，如此多的搭配会系统地引导玩家的游戏体验，为玩家的各种新奇想法助力，如图 18-48 所示。

图 18-48　代表玩家说话

　　界面设计的风格、结构必须要与游戏的主题和内容相一致，优秀的游戏界面设计都具备这个特点。这一点看上去简单，实则还是比较复杂的，想要统一起来，并不是一件简单的事情，就拿颜色来说，就算只用几个颜色搭配设计界面，也不容易使之统一，因为颜色的比重会对画面产生不同的影响，所以会对统一性做出多种统一方式方法，例如固定一个色板，包括色相、纯度、明度都要确定，另外就是比例、主次等，同一界面除了色彩还有构件，这也是一个可以重复利用和统一的最好方式，边框、底纹、标记、按钮、图标等，都是用一致的纹样、结构、设计，最后就是必须统一文字，在界面上是必不可少的，每个游戏只能使用 1 ～ 2 种文字，文字也是游戏中出现频率较高的一个方面，过多就不统一，如图 18-49 所示。

图 18-49　统一性

视觉效果的清晰有助于游戏玩家对游戏的理解，方便游戏玩家对功能的使用。对于 iOS 平台上的游戏来说，为了达到更高的效率和清晰度，需要制作不同的界面美术资源，以达到目的，这也是目前无法解决的硬件与软件间的问题。

界面设计在操作上的难易程度尽量不要超出大部分游戏玩家的认知范围，并且要考虑大部分玩家在与游戏互动时的习惯。这个部分提到游戏也大不相同，这就需要提前定位目标人群，把他们可能玩过的游戏做统一处理，分析并制定符合他们习惯的界面认知系统，如图 18-50 所示。

游戏玩家在与游戏进行互动时的方式具有多重性，自由度很高，例如操作的工具不单单局限于鼠标和键盘，也可以是游戏手柄、体感游戏设备。这一点对于高端玩家来说，是非常重要的，因为这群人不会停留在基础的玩法之上，他们会利用游戏中各种细微的空间来表现出自身的不同和优势，所以要在界面部分为这类人群提供自由度较高的设计，如图 18-51 所示。

图 18-50　习惯与认知

图 18-51　自由度

除了上述游戏界面设计的原则，在游戏 UI 设计中还需注意以下事项。

1）突出设计重点，减少识别盲区。

2）使界面简洁，体现重要信息；找到玩家习惯，隐藏冷门应用。

3）使用大众普遍接受的习惯，不轻易尝试新的设计规范。

4）减少学习信息，简化重复操作，节省空间以加载资源。

◆ 18.5　人工智能相关的 UI 设计

人工智能（Artificial Intelligence）的英文缩写为 AI，它是研究、开发用于模拟、延伸和扩展人的智能的理论、方法、技术及应用系统的一门新的技术科学。

人工智能是计算机科学的一个分支，它企图了解智能的实质，并生产出一种新的与人类智能相似的方式做出反应的智能机器，该领域的研究包括机器人、语言识别、图像识别、自然语言处理和专家系统等。人工智能从诞生以来，理论和技术日益成熟，应用领域也在不断扩大，可以设想，未来人工智能带来的科技产品将会是人类智慧的"容器"。人工智能可以对人的意识、思维的信息过程进行模拟。人工智能不是人的智能，但能像人那样思考，也可能超过人的智能。

人工智能是一门极富挑战性的科学，从事这项工作的人必须懂得计算机知识、心理学和哲学。人工智能包括十分广泛的科学，它由不同的领域组成，如机器学习、计算机视觉等，总的说来，人工智能研究的一个主要目标是使机器能够胜任一些通常需要人类智能才能完成的复杂工作。但不同的时代、不同的人对这种"复杂工作"的理解是不同的。

人工智能的应用领域非常广泛，包括但不限于以下几个方面。

1）语音识别和自然语言处理：用于机器翻译、智能客服、语音搜索等。

2）图像识别和计算机视觉：用于目标检测、人脸识别、机器人导航等。

3）智能家居和自动驾驶：用于智能门锁、家庭安防、自动驾驶等。

4）智能医疗和健康管理：用于疾病诊断、医疗影像分析、健康监测等。

5）教育和游戏：用于在线教育、智能家教、人工智能游戏等。

6）决策支持和个性化推荐：用于财务分析、市场预测、电子商务等。

随着技术的不断进步，人工智能的应用领域还将不断扩展和演进。

人工智能的用户界面设计（AIUI），计算机从简单的 CLI 命令行界面发展到复杂的 GUI 图形用户界面，期间经历了 30 余年。随着大数据、人工智能和其他新型技术的出现，与计算机的交互方式从鼠标键盘到触摸屏，已经达到了人机交互的巅峰，人们已经变成每时每刻随时随地地依赖界面来处理自己的日常生活与工作。特别是 VR/AR/ 可穿戴技术带来的沉浸式交互，未来人们在虚拟现实中将耗费更多的时间，而沉浸式交互要求人机交互的效率比原来的 GUI 界面更高，智能语音交互、人脸识别与基于机器学习的人工智能将会替代现有的 GUI 界面交互形式，这种模仿人对话的交流方式，也就是对话式 CUI，成为最近人机交互的新热点。

人工智能实现了更精准地跟踪用户行为，可以更智能地分析用户情绪变化，机器学习和大数据建立起更高效、更复杂的用户认知模型，为用户提供个性化设计，从大众的用户体验设计走到千人千面的服务设计中去。界面设计深度学习算法改变了仅凭设计师的经验判断界面是否符合用户体验。在核心目标没有变的基础上，人工智能为 UI 设计提供了更多的可能。与此同时，人工智能时代下，要求 UI 设计师转变思维，在专业能力、通用能力和设计方式上不断突破，跨学科融合，保持对行业的敏感与不断的知识更新，提升设计效果和用户体验，从而改变设计行业，完成思维转变，如图 18-52 所示。

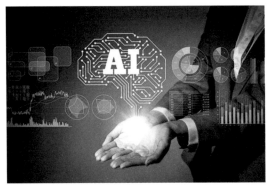

图 18-52　AIUI

◆ 18.6　BIM 建筑信息化中的 UI 设计

建筑信息模型的原文为 Building Information Modeling，一般简称 BIM，如今在业界中已成为数据整合不可或缺的一项重要技术，尤其工程界、建筑界、机电界三者更为频繁。BIM 的发明不仅缩短了各业界交流的距离，更让各样建筑的设计及建造错误发生率降低，这都是 BIM 最明显且最广泛的成效。下面将介绍 BIM 在建筑设计上的意义。

BIM 是指一个代表有物理特性和功能设施信息的建筑模型。在建筑设施的设计上必须要有正确的数据，让建筑生命周期的管理得以提前开始进行，因此 BIM 的条件必须可以提供一个具有共享能力的知识信息资源。BIM 的基本前提就是在建筑生命周期的每个阶段都有不同的利益相关者，各阶段设施设计更新或建造修改信息都可在 BIM 模型中取得，反映了各阶段的产业相关者，如图 18-53 所示。

图 18-53　建筑信息模型

在以往的工程建筑方案中，建筑师利用软件画成设计图，交由结构设计师去做分析之后，再分包给下游的厂商依照建筑师的设计图施工，这是一个完整的工程案件，各个单位做好自己分内的工作，看似顺利的整个过程，实际执行起来通常是问题一堆，可能发生的问题包括管线的配置方面和设计图不一样、钢筋放的位置在错误的地方等，这些都是由于虽然建筑师画了设计图，但是拿到结构设计师手里需要计算机分析计算，所以一般来说结构设计师会再利用特定的软件建模分析，而这个过程常常需要花费许多的人力及时间，此外，因为必须重新建置模型，过程中常会发生许多和原模型不一样的地方，造成上述问题，不仅仅在分析这方面，因为许多细节配置也大多都是如此，没有一个完整的整合，最后很难使各自的设计图完美搭配在一起。通过 BIM 的应用，可以建立协同设计平台，将设计中所需的所有数据纳入 BIM 模型之中，通过自动算量、可视化、碰撞检查、模拟性等特点，逐一解决上述诸多问题，这就是近几年来 BIM 在建筑设计上应用广泛的原因。

利用 BIM 的技术，不仅能建构及管理图形化组件，其模型内部具有数据，包含高度、方向、外形、尺寸、体积等几何数据及系统、效率、法规、规格、成本等非几何数据，使得此模型可用于分析、模拟及优化设计，且具有自动化产生图面和报表、自动估算成本（时间、人力、金钱）、工程施工的进度、设备的维护管理等信息管理功能，且支持分布式的团队结构，让不同阶段的使用者能够更有效地直接撷取及分享信息，进而消除数据多余的输入、遗失或沟通不良所造成的错误，使误差降低，提高效率。

18.6.1　基于 BIM 的智慧运维与管理平台

基于 BIM 的智慧运维与管理平台是一个高效、智能的管理工具，它在建筑的全生命周期中发挥着重要作用。BIM，即建筑信息模型，是一种数字化工具，它通过收集建筑的所有相关信息，为各方参与者提供一个协同工作的环境。在这个环境中，各方可以更有效地交流、做出决策、管理项目，从而实现更高效、更精细的运维与管理。

首先，BIM 智慧运维与管理平台提高了运维的安全性能。通过信息自动采集、集成和处理，该平台能够及时发现潜在的安全隐患，为预防和解决安全问题提供了有力支持。此外，结合 U3D 图形处理引擎和 VR/AR 技术，该平台能提供与现场高度一致的 3D 图形，帮助工作人员进行实景仿真和实时应急处置，从而降低运维管理的安全风险。

其次，BIM 智慧运维与管理平台提升了运维管理效能。通过空间、运维和资产的关联管理，该平台能够实现资产、设备的自动定位和信息自动统计查询。这不仅简化了工作流程，提高了工作效率，还使得管理更为精细化，有效降低了建筑运维的人力成本。同时，由于 BIM 模型的高度直观性，物业人员可以轻松了解各系统的空间位置分布情况，对于一些难以直接查看的隐蔽工程，也能通过漫游查看管道走向及基本信息。这种"所见即所得"的方式大大降低了图纸和模型的阅读难度，减轻了工作人员的压力。

此外，BIM 智慧运维与管理平台还通过大数据优化物业服务。对于人流量密集的商场、大厦、园区等场所，该平台通过对物业大数据的管理、维护和分析整理，为提升物业服务水平提供了精准的数据支撑。这使得物业服务更为个性化、智能化，满足了人们多样化的需求。

最后，基于物联网的 BIM 智慧运维与管理平台还提升了应急联动响应速度。与传统的智能化监控模式不同，该平台采用物联网架构体系设计，能以 3D 方式直观、智能地呈现建筑物内的设备状态和实时情况。一旦某个设备发生故障，相关人员能迅速得到通知并赶到现场解决，这大大提高了建筑物应对突发事件的能力。

总之，基于 BIM 的智慧运维与管理平台是一个集安全、高效、智能于一体的管理工具，它通过运用最新的技术手段，实现了对建筑全生命周期的精细化管理，为建筑物的运维和管理带来了革命性的变革。在未来，随着技术的不断进步和应用范围的不断扩大，相信 BIM 智慧运维与管理平台将会发挥更大的作用，为人们的生活和工作带来更多的便利和安全保障。

BIM 运维平台综合展示，以视觉管理方式代替以往的二维图形管理，所见即所得，三维界面高度仿真，视觉表现强大，真实感更强，可视化完善的表达设备与教室的管理和运营状况，直观、高效，通过在三维模型上直观显示核心数据指标，便于管理者对管理主体的整体把控，如图 18-54 所示。

图 18-54　BIM 运维平台综合展示

BIM（建筑信息模型）在安保信息方面的应用主要体现在以下几个方面。

1）信息整合与共享：BIM 技术可以将建筑的所有信息整合到一个模型中，包括结构、设备、管道等。这使得安保团队可以更方便地获取建筑的整体信息，从而更好地进行安全评估和风险控制。

2）安全监控与预警：结合物联网和传感器技术，BIM 模型可以实时监控建筑内的各种情况，如人员流动、设备运行状态等。一旦发现异常，可以及时发出预警，便于安保团队快速响应。

3）应急管理与疏散：在遇到紧急情况时，BIM 模型可以提供详细、准确的建筑信息，帮助安保团队制定最佳的疏散方案，同时也可以为应急管理部门提供决策支持。

4）可视化分析：通过 BIM 技术的可视化特性，安保团队可以更直观地了解建筑的情况，如监控摄像头的分布、安全出口的位置等。这有助于他们更好地进行安全分析和风险评估。

5）协同工作与沟通：BIM 模型可以为不同部门的安保团队提供一个共同的工作平台，方便他们进行信息共享和协同工作。这对于提高安保工作的效率和准确性非常有帮助。

总的来说，BIM 技术在安保信息方面的应用可以帮助提高建筑的安全性，降低风险，同时也可以提高安保工作的效率和响应速度。

安防安保信息包括视频监控信息、门禁信息、周界报警信息、消防信息、应急管理信息及电子巡查信息。

智慧分析系统，对接入的各子系统进行数据建模，包含设备运行状态、环境状态、报警等级及数量、能耗指数等进行智能分析，对建筑后勤运行综合评估，形成考评分值；形成健康指数、能效分析、设备质量分析、运维效率分析、人员绩效分析等各种报表，为高层管理者提供直观信息，为建筑布局优化调整提供快速决策平台。

另外，智慧社区系统信息的可视化也是非常普及的方式，如图 18-55 所示。

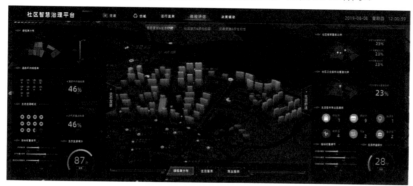

图 18-55　智慧分析系统

18.6.2　BIM 建筑信息化中的 UI 设计原则

BIM 建筑信息化的 UI 设计原则主要包括以下几个方面。

直观性：UI 设计应直观易懂，避免不必要的复杂度。用户应能迅速理解界面的功能和操作方式。

一致性：UI 设计应遵循一致的风格和语言，以便用户快速适应。一致的术语、色彩和布局有助于提高用户体验。

美观性：良好的视觉效果可以提升用户体验，因此 UI 设计应注重美观性。色彩搭配、字体选择和图标设计都应经过精心规划。

交互性：优秀的 UI 设计应具备良好的交互性，使用户能够轻松地与软件进行交互。设计应考虑用户的操作习惯和行为，提供便捷的反馈机制。

可定制性：不同的用户可能有不同的需求，UI 设计应允许一定程度的定制，以满足不同用户的需求。

适应性：UI 设计应适应不同的设备和屏幕分辨率，以确保在各种环境下都能提供良好的用户体验。

安全性：在 UI 设计中，应考虑用户数据的安全性，避免信息泄露和误操作带来的风险。

易用性：简单易用的界面可以减少用户的学习成本，提高工作效率。UI 设计应尽量简化操作流程，提供清晰的指引。

可扩展性：随着技术的不断进步，界面设计应具备良好的扩展性，以适应未来的功能增加和更新。

人性化：UI 设计应注重人性化，考虑到用户的心理和行为特点，提供符合人类习惯的解决方案。人性化的设计能够让用户感到舒适和满意，从而提高软件的接受度和使用率。

第19章

UI 交互设计

本章系统讲解 UI 的交互设计。

UI 交互设计是指对软件的人机交互、操作逻辑、界面美观的整体设计，旨在加强软件的易用性、易学性、易理解性，使计算机真正成为一个方便地为人类服务的工具。UI 交互设计是 UI 设计的一个重要组成部分，好的交互设计可以让软件变得有个性、有品位，同时让软件的操作变得舒适、简单、自由，充分体现软件的定位和特点。

在 UI 交互设计中，需要考虑用户的心理和行为特点，了解各种有效的交互方式，并对它们进行增强和扩充。UI 交互设计需要遵循一定的设计原则和规范，例如符合用户习惯、简洁明了、易于操作等。同时，还需要考虑不同用户的需求和反馈，不断优化和改进设计。

随着人工智能技术的发展，越来越多的 AI 应用开始引入交互设计，以提升用户体验和满意度。因此，UI 交互设计师在未来的职业发展中将具有更加广阔的发展前景。

◆ 19.1　人机交互设计概念

所谓人机交互，即 HCI（Human Computer Interaction），基于集设计、评估和执行功能于一身的交互式计算系统，研究由此而发生的相关现象的多学科交叉技术，涉及人机的任务分派、人机通信系统的架构、人使用机器的能力、人机交互界面的算法和规划及编程、人机交互系统的设计与实现工程、界面的规范与设计和执行的处理过程，以及设计协议等。HCI 主要包含 5 个方面的主题：人机交互的特性、计算机的相关性、人的特性、计算机系统和界面架构，系统开发的规范和过程。

人机交互界面涉及的学科如图 19-1 所示。

图 19-1　人机交互界面涉及的学科

◆ 19.2　产品相关的各种岗位职能

产品经理是企业中专门负责产品管理的职位，产品经理负责调查并根据用户的需求确定开发何种产品、选择何种技术和商业模式及市场预估，并向决策层申请项目资金等；推动相应产品的开发组织，根据产品的生命周期来协调研发、营销、运营；确定和组织实施相应的产品策略，捕捉用户新需求，迭代产品以提高产品竞争力；以及其他一系列相关的产品管理活动。

交互设计师（Interaction Designer）是一个承上启下的职位，交互设计师负责对产品经理的需求文档进行整理及重塑，按产品功能及开发系统平台框架结构，定义信息架构，梳理结构流程、功能拓扑及跳转逻辑顺序，补充开发所需的软件功能细节定义，简洁优化操作流程。

界面设计师应该是能充分理解产品的功能定义且能用自己的创意制作出让人眼前一亮的视觉作品的人，并且可以引导用户更顺利地完成操作任务，突出信息重点，是能提高商业转化率的有思想、有技术、有审美的优秀界面绘制人员。

当然，一个产品团队还会有前端工程师、后端开发、数据库、运营、市场等岗位。

如果你是一名 UI 视觉设计师，在项目中遇到以下 7 种人将会很幸运。

1）提供和项目有关的设计大方向的人。

2）提供市场上优秀竞品参考的人。

3）跨界把优秀创意点子吸纳进项目的人。

4）作大方向视觉稿子可把素材综合在一起的人。

5）踏踏实实执行查缺补漏设计的人，提高完整性。

6）盯着程序执行不偷懒的人。

7）告知你项目进度和资金，以及系统里的"坑"及程序实现成本的人。

◆ 19.3　交互设计师常用的工具

交互设计师常用的工具大致包括 Axure、Justinmind、Mockplus、Balsamiq Mockups、Mindmanager、OmniGraffle、Visio、Sketch、Illustrator、Fireworks、InVision、 Offifice、PPT、Keynote、Photoshop、POP-Prototyping on Paper、After Effects 等，软件图标如图 19-2 所示。

图 19-2　软件图标

◆ 19.4　产品硬件平台

产品硬件平台包括以下几种。

1）计算机桌面软件。

2）网站及网络应用。

3）手机、数码相机、平板电脑等移动设备。

4）AR Glass、VR 头盔、可穿戴设备等。

5）车载导航、游艇仪表、飞机仪表等。

6）TV 机顶盒、游戏主机、家庭影院、投影仪等。

7）公共设施，如交互触摸屏、提款机、自动取票系统等。

8）专业设备、医疗仪器设备及科研设备等。

9）进行数据可视化的大屏显示设备。

◆ 19.5 信息架构学

IA 全称为 Information Architecture，中文名为"信息架构"，其模型如图 19-3 所示。

图 19-3　信息架构

所谓信息架构，通俗地讲，就是将复杂的信息通过整理归类等手法，简洁明了地传递给用户的技术和方法。

网站的信息架构是用来描述一个网站上的内容和信息的语义布局的总称。它是指信息的组织，包括处理一个网站的结构布局，制定哪些页面去向哪里或什么样的内容在哪个页面上，以及设置站点间的页面如何互动。

作为一个领域集合，IA 注重于尽可能地方便用户找到他们正在寻找的内容，提高转换率。

1. 信息架构师的职责

1）组织梳理数据的内在关系，使复杂的信息变得有条理。

2）创建信息呈现结构或站点地图，应用各模块关系拓扑图。

3）制定单页内的内容模块的优先级、页面指示及阅读路径。

2. 为何要有信息架构

1）使用户更有效率地找到和搜索到自己想要的信息。

2）使信息呈现更有条理，便于后期更新维护。

3）使数据及信息的层级清晰，以便于底层功能开发和表现形式分开管理。

3. 信息空间

信息空间组织、导航、交互和流动。

4. 常见的信息架构呈现形式

1）扁平化层级浅。

2）竖直型层级深。

3）复杂类混合型。

常见的信息架构呈现形式如图 19-4 所示。

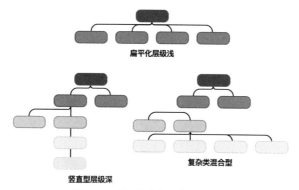

图 19-4　常见的信息架构呈现形式

5. 影响信息架构呈现形式的因素

产品的定义及核心价值、内容的数量、呈现结构、内容的关联性、用户使用场景、内容的使用频率、着陆页和入口，以及搜索型网站一般采用垂直型。

信息架构的工作流程如图 19-5 所示。

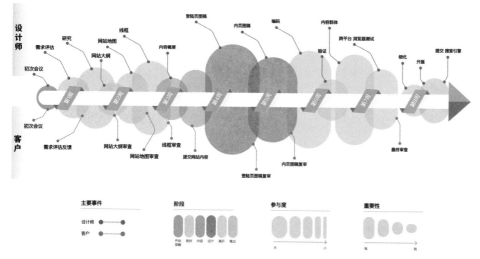

图 19-5　信息架构的工作流程

◆ ## 19.6　用户角色建模

Persona 是用户模型的简称，是虚构的一个用户，用来代表一个用户群。根据你的业务、产品、流程、功能构建你的用户模型元素。用户模型的元素通常基于人口统计特征（如性别、年龄、职业、收入）和消费心理，分析消费者的兴趣特征和使用及购买产品的行为。创建用户模型的目的是尽可能减少主观臆测，理解用户到底真正需要什么，站在用户的角度分析问题，还原场景中产生的真实需求，从而知道如何更好地为不同类型的用户服务。

如图 19-6 所示，可以组成一个用户模型的元素有成千上万个，所以应当围绕自身的产品去提炼元素特征，对本产品无关的影响因素可以排除在建模元素以外，而且除基本信息，再按照对产品影响权重的不同，把影响最大的因素先列出来，影响小的因素筛选一些排在后面，几乎没有影响的因素可以去掉，用户描述的构成元素尽量不要超过 30 个。

Lene Nielsen 的"十步人物角色法"如图 19-7 所示。

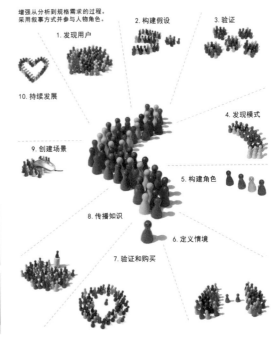

图 19-7　十步人物角色法

图 19-6　用户角色模型

1. 发现用户（Finding the Users）
目标：谁是用户？有多少？他们对品牌和系统做了什么？
使用方法：数据资料分析。
输入物：报告。

2. 构建假设（Construction Hypothesis）
目标：用户之间的差异有哪些？
使用方法：查看一些材料，标记用户人群。
输出物：大致描绘出目标人群。

3. 验证（Verifification）
目标：关于 Persona 的调研（喜欢 / 不喜欢、内在需求、价值），关于场景的调研（工作地环境、工作条件），关于剧情的调研（工作策略和目标、信息策略和目标）。
使用方法：数据资料收集。
输出物：报告。

4. 发现模式（Finding Patterns）
目标：是否抓住重要的标签？是否有更多的用户群？是否同等重要？
使用方法：分门别类。
输出物：分类描述。

5. 构建角色（Constructing Personas）
目标：基本信息（姓名、性别、照片），心理（外向、内向），背景（职业）；对待技术的情绪与态度；其他需要了解的方面；个人特质等。

使用方法：分门别类。

输出物：类别描述。

6. 定义情境（Defifining Scenarios）

目标：在设定的场景中、既定的目标下，当 Persona 使用品牌技术时会发生 什么？

使用方法：叙述式剧情，使用 Persona 描述和场景形成剧情。

输出物：剧情、用户案例、需求规格说明。

7. 验证和购买（Validation and Buy-In）

问：你知道有人喜欢这个吗？

使用方法：知道的人对人物角色的描述阅读和评论。

8. 传播知识（Dissmination of Knowledge）

问：我们如何与组织共享角色？

使用方法：促进会议、电子邮件、每一种活动、事件。

9. 创建场景（Defifining Situations）

目标：这种 Persona 的需求适应哪种场景？

使用方法：寻找适合的场景。

输出物：需求和场景的分类。

10. 持续发展（On-going Development）

问：没有新的信息改变角色吗？

使用方法：可用性测试，新的数据。

文件制作：由专人根据访谈的用户进行角色数据输入。

需要使用到 Persona 的场景示意如图 19-8 所示。

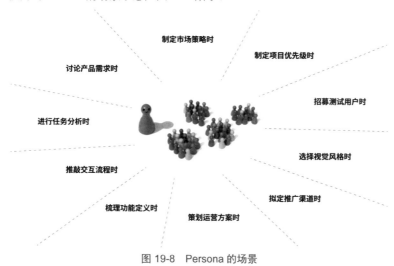

图 19-8　Persona 的场景

上述这些方面都需要用到用户模型。所以说，用户模型是贯穿产品设计整个流程的一个非常有用的工具，它可以用来衡量我们的决策是否符合目标用户，并基于角色归纳调整。

◆ 19.7　流程图符号的意义

流程图符号如图 19-9 所示。

图 19-9　流程图符号

矩形：一般表示要执行的处理，在程序流程图中用作执行框。

圆角矩形或者扁圆：表示程序的开始或者结束，在程序流程图中用作开始框或者结束框。

斜角矩形：表示数据，其中可注明数据名、来源、用途或放置其他的文字说明。

菱形：表示决策或判断（如 If、Then、Else），在程序流程图中用作判别框。

文件：表示为一个文件，可以是生成的文件或是调用的文件，需要自己根据实际情况进行解释。

括弧：注释或者说明，也可以用作条件叙述。一般流程到某一位置时，需作一段执行说明，或者有特殊行为时会用到它。

半圆形：在使用中常作为流程页面跳转、流程跳转的标记。

三角形：控制传递，一般与线条结合使用，表明数据传递方向。

梯形：一般用作手动操作。

椭圆形或圆形：如果画小圆，一般用来表示按顺序数据的流程。如果是画椭圆形，通常用作流程的结束。如果是在 Use case 用例图中，椭圆就是一个用例。

六边形：表示准备之意，通常用作流程的起始，类似开始框。

平行四边形：一般表示数据，或确定的数据处理，或者表示资料输入（Input）。

角色：来自于 Use case 用例，模拟流程中执行操作的角色。需要注意的是，角色并非一定是人，有时候是机器自动执行，有时候是模拟一个系统管理。

数据库：是指保存网站数据的数据库。

图片：表示一张图片，或者置入一个已经画好的图片、流程或者一个环境，还有一些流程图的其他符号。

直线：表示控制流的流线，可以加箭头表示流向，也可自定义。

虚线：虚线用于表明被注解的范围或连接被注解部分与注解正文，如图 19-10 所示。

省略符：若流程图中有些部分无须给出符号的具体形式和数量，可使用三点构成的省略符，如图 19-11 所示。

并行方式：一对平行线表示同步进行两个或两个以上并行方式的操作，如图 19-12 所示。

图 19-10　注释符的使用　　　　图 19-11　省略符的使用　　　　图 19-12　并列方式

◆ 19.8　手势与标签

一般来说，同一张流程图上会有很多标注，如果在注解中写不下，可以用彩色小标签编上数字，然后在专门的注释中，在对应的编号数字里把注释说明文字补全。手势与标签图标如图 19-13 所示。

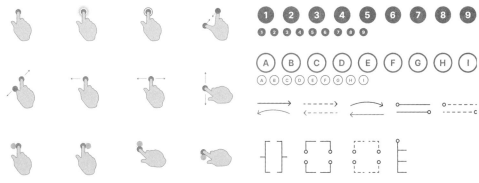

图 19-13　手势与标签图标

◆ 19.9　常见的交互操作事件

Axure 交互由 3 个基本的信息单元组成，即 When、Where 和 What。

1）When。什么时候发生交互动作。在 Axure 术语中，用事件（Events）来表示 When。例如，当浏览器中加载页面时，或用户单击、拖曳一个控件后。

2）Where。交互发生的位置。可建立交互动作的控件，如矩形框、单选按钮、下拉列表、一个图片或页面的某个热区等。

3）What。会发生什么动作（Actions）。动作定义了交互的过程和结果。例如，在页面加载时，将一个动态面板的坐标设置到某一个位置。在"页面属性和样式面板"区域的"Page Interactions（页面交互事件）"选项卡中，可设置某个页面的所有的页面交互事件，包括但不仅限于如图 19-14 所示的内容。

图 19-14　页面交互事件

选择某个部件后，在"部件交互和注释面板"区域的"Interactions（部件交互事件）"选项卡中，可设置该部件的所有部件事件，有些事件各种部件都包括，但有些部件只是针对某种部件，部件事件如表 19-1 所示。

表 19-1　部件事件

事 件 名 称	事 件 说 明	备　　注
OnPageLoad	页面加载时事件	
OnWindowResize	浏览器窗口改变大小时事件	
OnWindowScroll	浏览器窗口滚动时事件	在调整浏览器窗口时发生，可多次发生
OnPageClick	页面单击时事件	在空白区域，或者在没有添加鼠标单击时事件的部件上进行页面单击时，将会发生该事件
OnPageDoubleClick	页面双击时事件	在空白区域，或者在没有添加鼠标双击时事件的部件上进行页面双击时，将会发生该事件
OnPageContextMenu	页面右键单击时事件	在空白区域，或者在没有添加鼠标右键单击时事件的部件上进行单击右键操作，将会发生该事件
OnPageMouseMove	鼠标光标移动时事件	在空白区域，或者在没有添加鼠标光标移动时事件的部件上进行鼠标光标移动操作，将会发生该事件
OnPageKeyDown	键盘按键按下时事件	在空白区域，或者在没有添加键盘按下时事件的部件上进行键盘按下操作，将会发生该事件
OnPageKeyUp	键盘按键弹起时事件	在空白区域，或者在没有添加键盘弹起时事件的部件上进行键盘弹起操作，将会发生该事件
OnAdaptiveViewChange	自适应视图更改时事件	当切换到另一个视图时，发生一次该事件，可以多次发生

其对应的全部解释如表 19-2 所示。

表 19-2　部件事件对应的解释

事 件 名 称	事 件 说 明	备　　注
OnClick	鼠标单击时事件	内部框架部件、中继器部件不包括该事件
OnMouseEnter	鼠标光标移入时事件	水平线、垂直线、内部框架部件、中继器部件、提交按钮部件、树、表格、菜单部件不包括该事件
OnMouseOut	鼠标光标移出时事件	水平线、垂直线、内部框架部件、中继器部件、提交按钮部件、树、表格、菜单部件不包括该事件
OnMouseMove	鼠标光标在部件上移动时事件	水平线、垂直线、内部框架部件、中继器部件、提交按钮部件、树、表格、菜单部件不包括该事件
OnContextMenu	鼠标右键单击时事件	水平线、垂直线、内部框架部件、中继器部件、提交按钮部件、树、表格、菜单部件不包括该事件
OnMouseDown	鼠标按键按下并且没有释放时事件	垂直线、内部框架部件、中继器部件、提交按钮部件、水平线、树、表格、菜单部件不包括该事件
OnMouseUp	鼠标按键释放时事件	水平线、垂直线、内部框架部件、中继器部件、提交按钮部件、树、表格、菜单部件不包括该事件

续表

事件名称	事件说明	备注
OnKeyDown	当键盘上的按键按下时事件	水平线、垂直线、内部框架部件、中继器部件、提交按钮部件、树、表格、菜单部件不包括该事件
OnMouseHover	当鼠标光标在部件上悬停超过 2 秒时事件	Default → Common 下部件，除水平线、垂直线、内部框架部件和中继器部件，都包括该事件
OnLongClick	鼠标单击并且在部件上超过 2 秒时事件	Default → Common 下部件，除水平线、垂直线、内部框架部件和中继器部件，都包括该事件
OnDoubleClick	鼠标双击时事件	内部框架部件、中继器部件、提交按钮部件、树、表格、菜单部件不包括该事件
OnKeyUp	当键盘上的按键弹起时事件	水平线、垂直线、内部框架部件、中继器部件、提交按钮部件、树、表格、菜单部件不包括该事件
OnMove	部件移动时事件	中继器、树、表格、菜单部件不包括该事件
OnShow	显示部件时事件	Default → Common 下部件，除水平线、垂直线、内部框架部件和中继器部件，都包括该事件
OnHide	隐藏部件时事件	Default → Common 下部件，除水平线、垂直线、内部框架部件和中继器部件，都包括该事件
OnFocus	部件获得焦点时事件	中继器、提交按钮、内部框架部件不包括该事件
OnLostFocus	部件失去焦点时事件	中继器、提交按钮、内部框架部件不包括该事件
OnTextChange	文本值改变时事件	输入框部件和多行文本框部件包括该事件
OnSelectionChange	选项改变时事件	下拉列表和列表部件包括该事件
OnCheckedChange	选中状态改变时事件	复选框和单选框部件包括该事件
OnPanelStateChange	面板状态改变时事件	只有动态面板部件包括该事件
OnDragStart	拖动开始时事件	只有动态面板部件包括该事件
OnDrag	拖动时事件	同上，在一次 OnDragStart 和 OnDragStop 事件中，可能发生多次 OnDrag 事件
OnDragDrop	拖动结束时事件	只有动态面板部件包括该事件
OnSwipeLeft	向左滑动时事件	只有动态面板部件包括该事件，在 App 中比较常用
OnSwipeRight	向右滑动时事件	只有动态面板部件包括该事件，在 App 中比较常用
OnSwipeUp	向上滑动时事件	只有动态面板部件包括该事件，在 App 中比较常用
OnSwipeDown	向下滑动时事件	只有动态面板部件包括该事件，在 App 中比较常用
OnLoad	部件加载时事件	动态面板部件和中继器部件都包括该事件
OnScroll	动态面板部件发生水平或垂直滚动时事件	只有动态面板部件包括该事件
OnResize	调整动态面板部件的大小时事件	只有动态面板部件包括该事件，如通过 Set Panel Size 调整大小，或者设置为自适应内容属性的动态面板部件更换状态导致尺寸改变时发生

随着 Axure 版本的升级，还会有更多的事件加入功能菜单，我们的想法将更容易实现。

◆ 19.10　头脑风暴和思维导图

头脑风暴（Brain-storming）是由美国人奥斯本提出的一种激发集体智慧以产生创新设想的思维方法，是指一群人（或小组）围绕一个特定的兴趣或领域，进行创新或改善，产生新点子，提出新办法。

1. 会前准备工作

1）小组人数一般为 10 ～ 15 人，时间一般为 20 ～ 60 分钟。

2）设主持人一名，主持人只主持会议，对设想不做评论。设记录员 1 ～ 2 人，要求认真将与会者的每一设想，不论好坏都完整地记录下来。

3）会议要明确主题，会议主题提前通报给与会人员，让与会者有一定的准备。

4）为了不浪费时间和快速进入状态，可以轮流让每人说一个想法，这样不会冷场。

2. 注意事项

1）围绕主题，自由畅谈，延迟评判，禁止批评，追求数量。

2）对各种意见、方案的评判必须放到最后阶段，此前不能对别人的意见提出批评和评价。

3）认真对待任何一种设想，而不管其是否适当和可行。

4）没有建议时说"过"，不要相互指责。

5）目标集中，追求设想数量，越多越好。

6）鼓励巧妙地利用和改善他人的设想，提升创造力。

7）突出求异创新，这是智力激励法的宗旨。

3. 思维导图（Mindmap）

思维导图又称脑图，是一种图像式思维的工具，一种利用图像思考的辅助工具。

思维导图是使用一个中央关键词或想法以辐射线形或连接所有的代表字词、想法、任务或其他关联项目的图解方式。

思维导图在产品领域常用在构建框架、产品场景需求思考、功能思考、阅读笔记、细化分支、内容归档，以及处理杂项等工作中。

常用的思维导图软件包括 Mindmanager、Xmind、iMindMap、FreeMind、MindMapper、NovaMind、百度脑图等。

思维导图示例如图 19-15 所示。

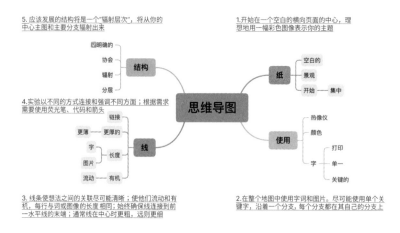

图 19-15　思维导图示例

◆ 19.11　交互设计师常画的 7 种图

交互设计师通常要画以下 7 种图。

1. 物理业务流程图

当线下传统业务向线上迁移时，就需要对物理业务进行建模，比如原来的部门有一些什么业务流程？如何拆分或合并业务流程，流程中会涉及哪些对象和接口人，以及他们负责处理什么任务等。首先厘清业务需求，看哪些业务是在线上也需要的，哪些是可以省略合并的，然后取舍，总结出一套适合软件产品的业务流程图，包括定义一些数据字段的属性和上下边界值等。

物理业务流程图如图 19-16 所示。

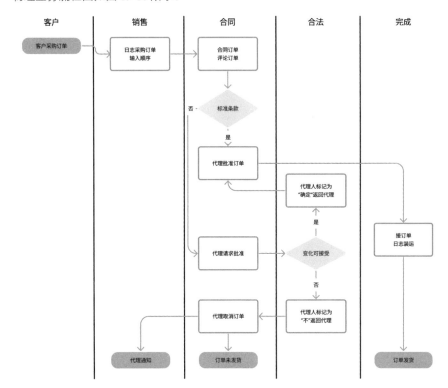

图 19-16　物理业务流程图

2. 站点功能拓扑图

一个站点或一个产品的功能模块拓扑包括导航、频道、类目、功能块等组织结构之间的关系。影响一个站点的功能拓扑图的结构因素是这个产品的核心特色、用户常用功能，以及功能块之间的逻辑性等。

优秀的功能拓扑结构有两方面的意义：一方面是方便用户在浏览页面时通过链接跳转到相关页面；另一方面是方便搜索引擎的蜘蛛爬虫抓取信息。

功能拓扑图如图 19-17 所示。

3. 角色任务流程图

一个产品，会有不同的用户角色去操作它，他们要达成的目的和完成的任务都不一样，比如一个 电商网站，买家需要注册、搜索、浏览商品详情、下单、付款、管理已买到物品等功能；而卖家需要有后台、管理货品、展示货品、查看数据、处理买家订单、维护售后等功

195

能。不同的角色会有不同的任务流，同个角色也会因为目的不同而处理不同的任务流。

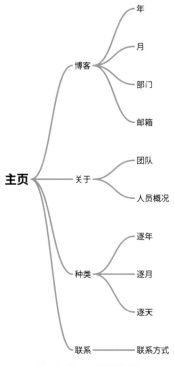

图 19-17　功能拓扑图

任务流程图如图 19-18 所示。

当一个页面画不下全部流程图时，可以用小标号把各个子图串联，如图 19-19 所示。

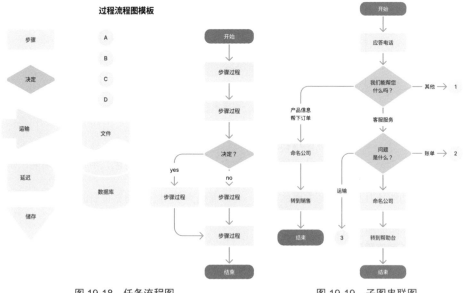

图 19-18　任务流程图　　　　　　　　　图 19-19　子图串联图

4. 界面布局线框图

把功能块切分到每个页面后，功能块的展现和排布要考虑到屏幕的尺寸和控件可操作精确度。一般情况下，不建议将功能块塞得太满，每个界面最好有明确的功能重心，如果需要很多模块在一个页面上时，需要用归类、隐藏、分层级等手法来把功能布局得更符合操作流程和人机交互规范。对于线框图，可以用色彩的深浅来区分模块，并且标示出界面醒目优先级，如图 19-20 所示。

图 19-20　界面布局线框图

线框图上的注释细节如下（一般如果注释过多，会写成 DRD 交互细节文档）。

1）功能：操作、事件、反馈方式、响应时间、数据输入/输出。

2）内容：文本、字体、图片、排版、尺寸、链接、多媒体、声音。

3）行为：动画样式、速度、位移、交互效果、链接跳转位置、控件状态。

4）限制因素：硬件、系统、软件、浏览器、数据格式。

5. 页面跳转逻辑图

当每一页的线框功能都定义和布局完毕后，就需要将页面和页面之间的关联和跳转事件设定到相关控件上去。

这时候要考虑更细节的状态判断和页面之间的跳转，并且最好将切换形式都定义完毕，如果口述无法表达清楚状态切换效果，需要使用 After Effects、Flash、Axure 等交互型软件来模拟状态的效果，如图 19-21 所示。

6. 软件逻辑流程图

程序员在开发一个软件时，会尽量调用系统或者这门语言的成熟框架或开发包，并采用一些工厂类及这门编程语言给的封装的方法，这就会涉及一个问题——控件和模块的重复利用。

同时，程序员也会使用 UML 等建模方法画出他们需要的图，来帮助描述开发问题，如图19-22 所示。

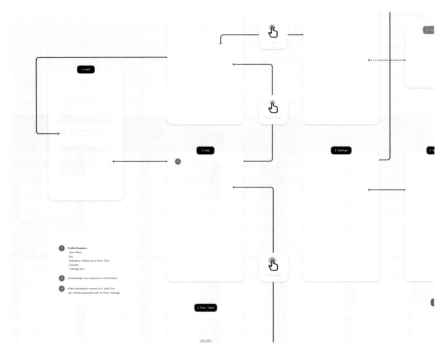

图 19-21　页面跳转逻辑图

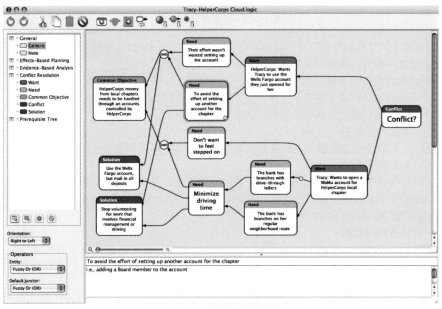

图 19-22　软件逻辑流程图

7. 底层数据流程图

如今，人们已经从 IT（Information Technology，信息技术）时代迈入 DT（DataTechnology，数据科技）时代，大量的数据挖掘和数据分析成为产品开发过程中很重要的一环，除了要做好早期数据库的建设和前端的数据接口，对用户行为的数据建模也要在前期设计时做好。底层数据流程图如图 19-23 所示。

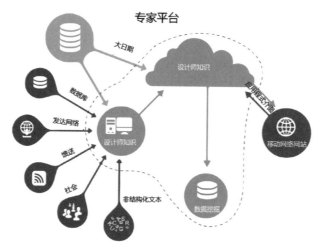

图 19-23　底层数据流程图

◆ 19.12　任务及任务状态

每个任务都会有达成条件，并且在过程中会有流程的当前状态，需要程序去判定条件是否达成，如果没有达成，需要提示用户补齐条件。

例如，订单的处理流程说明。

1）注册用户提交订单后，12 小时内进行处理。

2）订单信息由订单管理员进行审核，判定是否有效，如填写地址、收货人等信息无效，将不能通过审核，将失败原因告知用户，同时订单状态置为无效。

3）订单具备以下几种状态。整体上，订单通常会经历提交—审核—发货状态，如图 19-24 所示。

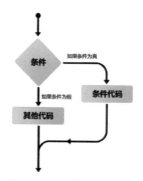

图 19-24　任务流程说明图

订单详细状态（审核之前）。

①未审核，待支付（包括选择除货到付款之外的支付方式）。

②未审核，货到付款。

③未审核，已支付。

④管理员审核中。

⑤已审核，订单无效作废。

⑥已审核，待付款（包括除货到付款之外方式的支付方式）。

⑦已审核，待发货。

⑧待发货的订单，送到发货处进行发货。

⑨已发货。

⑩已签收、已付款。

◆ 19.13 用例设计

本节将讲解软件用例设计及用例中需要检查和定义的部分举例。

19.13.1 软件用例设计

为什么要编写用例？用例是为了用较少的人力和资源投入，在较短的时间内完成测试。发现软件系统的缺陷，保证软件的优良品质。把测试行为转换为可管理的、具体量化的模式。用例一般由产品经理编写，测试人员按照用例文档测试产品功能的健全性和可用性，并检查软件缺陷及 Bug，也有一些公司由程序员或者测试人员编写，用例名称如表 19-3 所示。

表 19-3 用例名称

用例名称	用例名称
简述	基流（Basic Flow）
活动者	与基流相关的用例
前置条件	分支流（Sub flows）
后置条件	与分支相关的用例
扩充条件	替换流（Aletmative Flow）

19.13.2 用例中需要检查和定义的部分举例

1. 用户类型

1）管理员 / 非管理员（不同权限的角色）；2）注册用户 / 未注册用户（访客）。

2. 用户状态

1）已登录；2）未登录 / 离线 / 登录状态过期；3）未注册；4）风控 / 锁定 / 黑名单等。

3. 网络状态

1）网络不通；2）2G、3G、4G、Wi-Fi 网络切换；3）飞行模式。

4. 数据异常

1）空值、输入为空等；2）数字过小、数字过大、字符串超出、特殊字符；3）时间不匹配。

5. 边界值

1）需求设计的允许最小值和最大值；2）编程语言的数据类型的边界值，比如 int 的最大值；3）控件的首个和末尾元素，比如滚动条起始和结束。

6. 文本框

1）空；2）数字、字母、特殊字符、中文；3）输入的文本的长度、最小长度、最大长度；4）外观（大小、对齐、字体）。

7. 文本框

1）空；2）数字、字母、特殊字符、中文；3）输入的文本的长度、最小长度、最大长度；4）外观（大小、对齐、字体）；5）状态（是否可编辑、是否是密码、邮箱、电话号码、专门用途）；6）行为（是否允许复制粘贴，是否支持换行）。

8. 按钮

1）外观（颜色、尺寸、对齐方式、文字）；2）状态（可用、失效、未选、选中、点击后等）；3）行为（是否允许双击、是否允许连击、快捷键是否支持、Tab 键是否能选）。

9. 下拉列表

1）外观（大小、对齐、字体）；2）状态（是否有初始默认值）；3）行为（是否能记忆选中项，是否支持键盘操作）。

10. 列表

1）列表为空（0 条记录）；2）列表的分屏显示是否符合屏幕尺寸；3）列表分屏数量检查；4）列表最后一页显示情况；5）列表的刷新，下拉刷新情况；6）列表的加载及上画、下画情况；7）列表的排序和默认排序。

11. 搜索框

1）词汇联想功能；2）是否支持模糊搜索；3）标签和关键字匹配；4）组合搜索。

12. 输入法 / 键盘

1）默认使用哪种键盘；2）纯数字输入框是否直接切换成数字键盘；3）是否能正确地触发键盘弹出和收起功能。

13. 数据

1）数据输入；2）数据输出；3）共享数据（账户关联、是否同步、手动同步、自动同步、定时同步）；4）硬件调用（摄像头、GPS、闪光灯、重力感应、扫码、喇叭、话筒等）。

◆ 19.14　原型设计中的用户可用性测试

原型设计中的用户可用性测试（Usability testing）如下。

1）原型中的可用性测试首要先明确测试目标，提供可操作原型。

2）每次测试目标用户人数不建议超过 5 人，记录员、测试员、观察员若干。

3）可用性测试目标分任务完成型和自由浏览型。

4）被测用户信息登记表，基本信息包括性别、年龄、教育程度及其他。

5）把测试任务表发放给用户并负责解答表上用户看不懂的地方。

6）性能评估，统计时间单位中的出错数量和问题。

7）流程评估，用户使用过程中是否发现流程走不通等问题。

8）交互评估，用户使用的时候，是否有歧义、选择困难、辨识性等问题。

9）易用性评估，发生问题时，系统是否给予用户帮助，是否易于理解学习。

10）有必要的话，可以动用眼动仪或者录像、录音、录屏等记录设备。

11）测试员要客观地提问和布置任务，避免主观引导测试者。

12）尽量给予测试者金钱及小礼物作为感谢。

13）测试完成后，整理测试报告，挑选共性、重复出现问题的地方，设置问题优先级，对相应产品的问题点进行迭代。

记录和观察被测者行为并进行分析。

帮助用户完成整个测试，并且询问用户遇到的困难。

软件的性能测试包括以下几点。

1）基准测试。如单用户的测试或者在无数据条件下的测试，目的是提供一个标准供后续测试比对。

2）负载测试。向系统施加一定的压力，一般为最大压力的 20%或者日常使用压力即可，确保系统正常运转。

3）压力测试。向系统施加预期最大压力，测试系统在繁忙状态下的性能表现。

4）容量测试。不断地增大对系统的压力，直至出现瓶颈。用于探测系统的瓶颈，为系统的发展提供重要信息。

5）稳定性测试。长时间运行的稳定情况。

1. 软件版本阶段说明

1）Base 版。此版本表示该软件仅仅是一个页面框架，都是假链接，通常包括所有的功能占位和页面布局，但页面中的功能都没有作完整的实现，只是作为整体网站的一个基础架构。

2）Alpha 版。此版本表示该软件在此阶段主要是以实现软件功能为主，通常只在软件开发者内部交流。一般而言，该版本软件的 Bug 较多，需要继续修改。

3）Beta 版。该版本相对于 Alpha 版已有了很大改进，消除了严重的错误，但还是存在着一些缺陷，需要经过多次测试来进一步消除，此版本主要的修改对象是软件的 UI。

4）RC 版。该版本已经相当成熟了，基本上不存在导致错误的 Bug，与即将发行的正式版相差无几。

5）Release 版。该版本意味"最终版本"，是最终交付用户使用的版本，该版本有时也称为标准版。一般情况下，Release 版不会以单词形式出现在软件封面上，取而代之的是符号（R）。

2. 版本命名规范

软件版本号由 4 部分组成：第一个"1"为主版本号，第二个"1"为子版本号，第三个"1"为阶段版本号，第四部分为日期版本号加希腊字母版本号。希腊字母版本号共有 5 种，分别为 base、alpha、beta、RC、release，例如 1.1.1.160521_beta，如图 19-25 所示。

图 19-25　版本命名规范

3. 版本号的修改规则

1）主版本号（1）。当功能模块有较大的变动时，比如增加多个模块或者整体架构发生变化，此版本号由项目决定是否修改。

2）子版本号（1）。当功能有一定的增加或变化时，比如增加了对权限控制、自定义视图等功能，此版本号由项目决定是否修改。

3）阶段版本号（1）。一般是 Bug 修复或是一些小的变动，要经常发布修订版，时间间隔不限，修复一个严重的 Bug 即可发布一个修订版，此版本号由项目经理决定是否修改。

4）日期版本号（160521）。用于记录修改项目的当前日期，每天对项目的修改都需要更改日期版本号，此版本号由开发人员决定是否修改。

5）希腊字母版本号（beta）。此版本号用于标注当前版本的软件处于哪个开发阶段，当软件进入到另一个阶段时需要修改此版本号，此版本号由项目决定是否修改。

4. 文件命名规范

文件名称由 4 部分组成：第一部分为项目名称，第二部分为文档描述，第三部分为当前软件的版本号，第四部分为文件阶段标识和文件后缀。例如，项目外包平台测试报告 1.1.1.160521_beta_b.xls，如图 19-26 所示，此文件为项目外包平台的测试报告文档，版本号为 1.1.1.160521_beta。如果是同一版本同一阶段的文件修改过两次以上，则在阶段标识后面加以数字标识，每修改一次则数字加 1，如项目外包平台测试报告 1.1.1.160521_beta_b1.xls。软件测试的几个阶段如图 19-27 所示。

图 19-26　文件命名规范　　　　　　　图 19-27　软件测试的几个阶段

◆ 19.15　缺陷反馈跟踪及版本迭代

有问题的地方就是存在机遇的地方，分析对手及自身产品的问题及缺陷，并且列出解决方法，随着解决方法的积累，你的经验也会变得丰富起来。

1. 缺陷的状态

1）初始化。缺陷的初始状态。

2）待分配。缺陷等待分配给相关开发人员处理。

3）待修正。缺陷等待开发人员修正。

4）待验证。开发人员已完成修正，等待测试人员验证。

5）待评审。开发人员拒绝修改缺陷，需要评审委员会评审。

6）关闭。缺陷已被处理完成。

2. 缺陷基本信息

缺陷 ID。唯一的缺陷 ID，可以根据该 ID 追踪缺陷。

3. 测试环境说明

1）缺陷标题。描述缺陷的标题。

2）缺陷的详细描述。之所以把这项单独列出来，是因为对缺陷描述的详细程度直接影响开发人员对缺陷的修改，描述应该尽可能详细。

3）缺陷的状态。分为"待分配""待修正""待验证""待评审""关闭"。

4）缺陷的严重程度。一般分为"致命""严重""一般""建议"4 种。

5）缺陷的紧急程度。从 1 ～ 4，1 是优先级最高的等级，4 是优先级最低的等级。

6）缺陷提交人。名字（邮件地址）。

7）缺陷提交时间。年、月、日、时、分、秒。

8）缺陷所属项目 / 模块。最好能较精确地定位至模块。

9）缺陷指定的解决人。缺陷"提交"状态为空时，在缺陷"分发"状态下，由项目经理指定相关开发人员修改。

10）缺陷指定解决时间。项目经理指定的开发人员修改此缺陷的最后期限。

11）对处理结果的描述。如果对代码进行了修改，要求在此处体现出修改，如缺陷验证人、缺陷验证结果描述、对验证结果的描述（通过、不通过）。

12）必要的附件。对于某些文字很难表达清楚的缺陷，使用图片等附件是必要的。

◆ 19.16 导航设计让用户不迷路

在网站上维持内容的分类标准（标签、类型、类别），如图 19-28 所示。

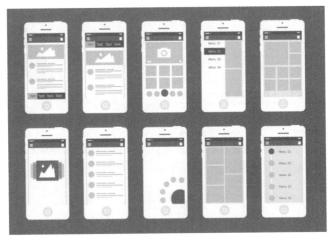

图 19-28　在网站上维持内容的分类标准

1. 十种常用 App 导航类型

1）底部 Tab。优势为可见性好、便于操作，缺点是个数有限。

2）顶部 Tab。优势为扩展性好、可滑动，缺点是手指操作距离较远。

3）舵式导航。优势为常用功能居中摆放，明显、醒目、品牌感强，缺点是个数有限。

4）抽屉导航。优势为不占地方，缺点是提示不良容易被忽视。左划大部分为设置列表、个人信息等；右划比较少见，多用于补充界面；上拉一般为后台插件快捷操控功能；下拉一般为信息提示、快捷设置。

5）宫格导航。优势为视野范围大、展示入口多，缺点是过多的时候整体感觉过于烦乱。

6）卡片导航。优势为内容信息多、图文并茂，缺点是一页只能放置几张卡片，需要滑动查看。

7）列表导航。优势为扩展性好，内容条目显示多，缺点是表现形式单一，信息内容少。

8）弹出导航。优势为收拢后不占地方，灵动有趣，缺点是不够正式，容易遮挡内容。

9）瀑布导航。优势为适用于大量图片展示，时尚感强，缺点是显示少，需要滑屏。

10）时间轴式。优势为有时间逻辑性先后次序，易查询，缺点是太多的话需要滑动。另外，还有一些其他复合导航。

2. 十种常用网页导航类型

1）顶部水平栏导航。适用于主页导航、大模块功能的全站导航，如图 19-29 所示。

图 19-29　顶部水平栏导航

2）竖直 / 侧边栏导航。适用于子导航、分类布局、功能和选项较多时，如图 19-30
所示。

图 19-30　竖直 / 侧边栏导航

3）选项卡导航。适用于不同表现形式的相关内容，同框架内切换，如图 19-31 所示。

图 19-31　选项卡导航

4）面包屑导航：适用于层级关系、线性索引、方便经常回上级的终端页面， 如图 19-32
所示。

图 19-32　面包屑导航

5）标签导航。适用于类别多、字母排序、类别分类，如图 19-33 所示。

图 19-33　标签导航

6）搜索导航。适合无限内容的网站，也常见于博客和新闻网站，以及电子商务网站，如图 19-34 所示。

图 19-34　搜索导航

7）弹出式菜单和下拉菜单导航。界面整洁，下级子类也能被访问到，可以隐藏一些不想一下子被用户看到的子菜单，如图 19-35 所示。

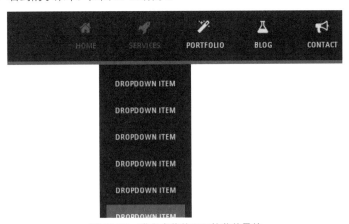

图 19-35　弹出式菜单和下拉菜单导航

8）分面 / 引导导航。也称为分面检索或引导检索，常见于电子商务网站，如图 19-36 所示。

9）页脚导航。次要导航，可能包含主导航中没有的链接，或包含简化的网站地图链接、版权信息，或者普通访问者不是很关心的业务内容。

10）全屏富式导航。产品发布页面，适合高端产品或者专题活动页，如图 19-37 所示。

图 19-36　分面 / 引导导航

图 19-37　全屏富式导航

◆ 19.17　交互设计的 6 原则和 4 要素

交互设计的 6 个原则如下。

1）可用原则。确保产品本身是有用的，流程是完善的，能给人们提供帮助。

2）预期原则。为用户考虑每一个过程所需要的信息和功能，如告知用户目前系统所处的状态、随时随地的反馈等。

3）可控原则。让用户可以自由地确定或取消操作，避免强制性选项等，可在引导页面提供一个 "skip" 的按钮操作。

4）精简原则。尽量减少用户的操作步骤，提高效率，把系统复杂性隐藏起来，将易用性展示给用户，降低短期记忆载荷，用词简洁等。

5）一致原则。界面风格的一致性、布局的一致性、功能的一致性、同一功能操作的一致性，以及心理对产品的认知一致性。

6）优美原则。布局要美观，操作和交互要流畅，提示要不令用户反感，界面大小适合美学观点，感觉协调舒适，主次分明。

交互设计原则如图 19-38 所示。

交互设计的 4 个要素如下。

1）Object/People（对象 / 人）：辨识交互对象行为。

2）Activity（行为）：专注首要活动。

3）Feature/Contexts（功能 / 场景）：选择核心功能集。

4）Technology（技术）：实现技术。交互设计的 4 个要素如图 19-39 所示。

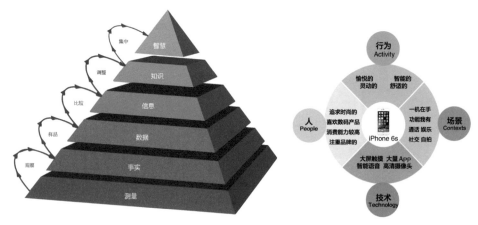

图 19-38　交互设计原则　　　　　　　　　　　图 19-39　交互设计要素

第20章

UI 动效设计

本章主要讲解用 After Effects 软件实现 UI 信息交互的动效制作的方法。

UI 动效设计是 UI 设计中的一个重要部分，它能够增加界面的生动性和互动性，使用户界面更加有趣、易用，从而提升用户体验。动效设计能够通过以下方式实现。

动态效果的设计：在 UI 设计中加入动态效果，如加载动画、滑动效果、点击效果等，可以增加界面的活跃度，使用户界面更加生动有趣。

交互体验的优化：通过优化交互体验，如减少等待时间、提高响应速度等，可以提升用户的使用效率，增加用户对产品的满意度。

视觉过渡的处理：通过合理处理视觉过渡效果，可以使界面之间的切换更加自然、流畅，增加用户对产品的好感度。

信息架构的呈现：通过清晰的信息架构呈现，可以使用户更容易理解产品的结构和功能，减少用户的认知负担。

情感化的设计：通过情感化的设计，如添加情感化的元素、使用户产生情感共鸣等，可以增加用户对产品的情感认同，提高用户的使用黏性。

总之，UI 动效设计是一种充满创意和想象力的设计领域，它能够通过动态效果、交互体验、视觉过渡、信息架构和情感化设计等方式，提升产品的用户体验和用户黏性，从而为产品的成功奠定基础。

◆ 20.1 Aftet Effects 动画基础

本节需要了解 AE 的基础介绍、界面介绍、创建合成、素材的导入、工具的使用、关键帧动画、小球弹跳动画、网页滑动、透视效果，以及视频与 GIF 图片输出，如图 20-1 所示。

图 20-1　After Effects 基础教学

◆ 20.2　动效逻辑原理

下面将讲解动效的一些逻辑原理。在制作动效时，需要考虑以下几点。

1）需要加动效的地方。

2）需要等待的场景。

3）页面转场的场景。

4）响应操作后有变化的点。

5）需提醒用户注意的点。

6）对操作流程有提示作用的点。

在制作动效时需要注意容易犯的错误，过多的不必要的动效会造成资源浪费，满屏都在动，花里胡哨。

在设计 App 页面或执行某一个动作时，需要考虑动作的次序，如图 20-2 所示。

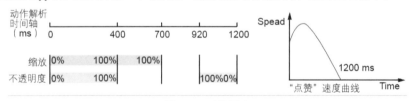

图 20-2　动作顺序

常见的动画效果如图 20-3 所示。

①位移的变化；②旋转的变化；③颜色的变化；④尺寸的变化；⑤透明度的变化；⑥生长和裁切；⑦空间透视的变化；⑧一些滤镜效果。

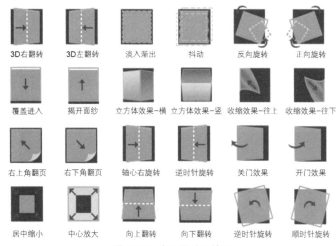

图 20-3　常见的动画效果

交互动态特效可以做出的动画效果如下。

①旋转缩放，入镜出镜；②压扁弹起，加速减速；③靠近离开，曲线运动；④透明度变化，移动停止；⑤跟随重叠，轮廓残影；⑥拉扯抵抗，抛物线运动；⑦模糊清晰和重力、风力等。

在调节动画时，为了使动画更有节奏感，通常会对其动画曲线进行调整。

◆ 20.3　After Effects 小动画

本节将通过 26 个小案例来讲解常见的 UI 动画制作。

26 个动画小案例分别是：不透明度动效、移动动效、缩放动效、形变动效、拖动动效、翻转动效、投影动效、滑动颜色动效、不透明度对话框动效、搜索框动效、滑动选项动效、转场预设动效、多彩生长动效、风车旋转动效、小鱼游动蒙版动效、科技风 Loading 动效、动画变化动效、时尚页面转换动效、生长框动效、拟人图标大白动效、拟人图标开心球动效、图标垃圾桶动效、图标锁定动效、图标重庆小面动效、图标栅格化动效、多彩画面转场动效。案例清单如图 20-4 所示。

图 20-4　案例清单

图 20-4   案例清单（续）

◆ 20.4   汽车 HMI 设计的 UI 动效

本节将通过一个汽车 HMI 设计的媒体播放器动效案例来讲解汽车 HMI 设计的 UI 动效，效果如图 20-5 所示。

图 20-5   汽车 HMI 设计媒体播放器动效案例

第 **21** 章

UI 设计走查与蓝湖

UI 设计走查是 UI 设计过程中的一个重要环节，它涉及对设计细节的审查和测试，以确保设计的准确性和一致性。以下是一些关于 UI 设计走查的建议。

1）制定走查计划：在开始走查之前，制定一个详细的计划，包括走查的目的、范围、时间和方法，确保走查过程有序且高效。

2）理解业务和需求：深入理解业务和用户需求，以便更好地评估设计的合理性和可用性。了解用户的使用场景和习惯，以便发现潜在的问题。

3）检查设计的一致性：检查 UI 元素和设计风格是否一致，包括颜色、字体、布局和图标等，确保整个应用程序的设计语言和风格相匹配。

4）检查设计的可访问性：确保设计对所有用户都是可访问的，包括不同的设备和浏览器。检查文本的可读性、按钮的大小和位置，以及颜色的对比度等。

5）检查设计的可用性：测试用户是否能够轻松地完成他们的任务。检查导航结构、信息架构和交互流程是否清晰明了，确保用户能够快速地找到所需的信息。

6）检查设计的响应性：检查设计在不同屏幕尺寸和分辨率下的表现，确保 UI 元素在不同设备上都能够正常显示和使用。

7）记录问题和解决方案：在走查过程中，记录发现的问题和解决方案。这将有助于在后续的迭代中改进设计，并确保问题得到及时解决。

8）与团队成员沟通：与开发团队、产品经理和其他相关团队成员沟通走查结果和建议，确保所有人都能够理解问题并采取相应的行动。

总之，UI 设计走查是一个细致的过程，需要全面地审查设计的各个方面。通过不断地改进和优化，可以提高用户体验和产品质量。

◆ 21.1　设计走查表

UI 设计走查表是一个用于检查和评估用户界面设计的工具，它可以帮助设计师和开发人员在设计和开发过程中发现和解决潜在的问题，提高用户体验。

一个完整的设计走查清单如图 21-1 所示。

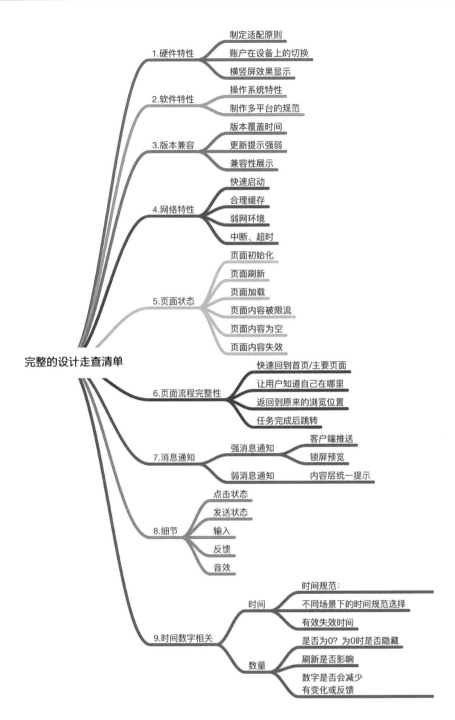

图 21-1　完整的设计走查清单

　　针对每个模块的设计走查，设计师可以自建设计走查清单，图 21-2 ～图 21-7 所示为通用的交互设计师走查表。

一、任务流程

自查点	描述	标记	错误频次
通畅性	能否顺利跑通？是否有断崖或死循环		
	从哪里来？是否可以回到那里去？		
可逆性	流程是否可以被撤销或重置？		
	流程是否可以随时退出？		
	流程的退出方式有哪几种？		
可续性	复杂任务流程是否支持保存或自动保存？		
	意外退出是否有保存提示？		
特殊性	流程是否需要特定的用户权限？		
	不同权限的用户是否是相同的流程？		
时效性	流程是否会过期失效？		
容错性	流程是否会出现不通过的情况？		
	流程是否与其他流程有逻辑关联或冲突？		
	流程是否需要特殊说明？		

图 21-2　任务流程交互设计走查

二、框架布局

自查点	描述	标记	错误频次
导航	导航是否易触达、易操作、拓展性好？		
	导航方式是否合理：底部菜单栏、顶部导航栏、汉堡菜单、下拉菜单、标签栏		
内容区域	内容的类型都有哪些？是否有特殊内容类型？		
	重要的内容是否被突出？不重要的内容是否被弱化？		
	操作区域是否在用户易触达的区域？		
	是否需要对内容进行合并或拆分？		
	该内容在当前页面是否合适？		
	是否有可以隐藏的内容？		
	页面到底了是否有情感化提示？		

图 21-3　框架布局交互设计走查

三、页面级交互

自查点	描述	标记	错误频次
入场切换	是否有特殊的入场方式？		
	是否有快速切换的方式或手势？比如左滑返回，下滑关闭		
加载	是否有加载动画？		
	是否有加载预设图、内容框架？		
	是否等待时间过长？是否有延缓等待的措施？如假写、进度条、动画		
	新加载出内容是否有提示？比如底纹		
	加载失败是否自动重试？是否有提示再次加载？		
	加载次数超出一定数量是否有替代方案？如联系客服，问题反馈		
刷新	自动刷新还是手动刷新？下拉刷新还是点击刷新？		
	每次刷新多少条内容？是否提示用户新内容数量？		
	刷新是否有特殊的情感化动效？		
	刷新是否有情感化提示？		
	切换页面时是否要主动刷新页面？		
	刷新无结果时是否有情感化提示？		

图 21-4　页面级交互设计走查

四、页面元素

自查点		描述	标记	错误频次
文案	统一性	相同内容不同页面的用词句式是否统一？		
		时间、地点的显示方式是否统一？		
		符号类型是否统一？		
	通俗性	是否可以更简洁易懂？是否使用用户熟悉的词汇？		
	简洁性	是否还可以更精炼？		
		是否可以分类归纳？		
		是否可以分为主标题+副描述？		
	情感化	是否使用了情感化的描述方式？如人称、语气词等		
		是否贴合用户的使用场景？		
		是否需要配合插画或行为引导？		
	其他	文案的字数是否符合场景体验？4-7个字最佳		
列表	排布	一页全部加载还是分页加载？		
		若分页加载，每页加载多少内容？是否有步骤条？		
		浏览到列表底部是否有情感化提示？		
		表单是否有默认排序？是否展示了排序规则？		
	操作	是否支持切换排序方式，是否支持手动排序？		
		若一页加载，是否有降低认知负荷的措施？如折叠收起		
		是否支持负向操作，如删除或隐藏？		
		是否支持筛选？		
	情感化	列表为空的情感化表达		
		网络状态的情感化表达		
图片	查看	图片是否有特殊的打开方式？如放大、呼出等		
		是否有预加载图？		
		加载失败如何显示？		
		是否支持查看大图？		
		是否支持双击或双指开合放大？		
		是否支持切换翻页？是否有页码？		
		是否有图片描述？描述是否有限制？超出限制如何显示？		
	操作	是否支持下载、分享、转发？		
		是否支持负向操作？如删除、举报		
		是否有查看权限？如登录后查看大图、下载等		

图 21-5　页面元素交互设计走查

五、组件&控件

自查点		描述	标记	错误频次
按钮	按钮类型	主按钮、次按钮、幽灵按钮、文字按钮是否合理？		
		按钮是否容易触达？		
	按钮位置	是否符合它的信息层级？		
		按钮的位置是否统一？		
	按钮文案	按钮文案是否准确？		
	按钮状态	点击、长按、选中、置灰等状态是否齐全？样式是否容易区分？		
		用户是否知道按钮不可用的原因和解决方法？		
		按钮的默认状态是？是否默认激活？激活条件是什么？		
	按钮动效	是否需要动效增强行为召唤力度？		
		是否需要动效表示点击按钮后的状态，如加载中		
	操作反馈	是否有结果反馈？		
		是否选择了合适的反馈强度？弹窗(重)；Toaat(中)；tip(轻)		
		是否考虑到了全部情况：成功/失败/无权限/无内容		
		是否有元素在操作前后发生状态或视觉上的变化？		

图 21-6　组件 & 控件交互设计走查

六、特殊场景再查				
类别	自查点		标记	错误频次
物理条件	硬件设备	是否支持横屏显示，横竖屏时布局及功能是否完整？		
	操作系统	是否需要区分不同操作系统？		
		是否需要调用GPS、蓝牙、相机等设备的使用权限？如何让用户更加愿意授权？		
特殊模式	夜间模式	是否需要考虑夜间模式（有没有光线较暗的场景）？		
	WIFI模式	是否开启自动缓存、下载等？		
	流量模式	数据流量环境下是否提示切换省流量模式？		
	低电量模式	是否减弱部分视觉效果，停用富文本内容的自动刷新与下载？		
	沉浸模式	如全屏模式、VR模式，考虑退出操作的便捷性和信息提示弱打断		
网络状态	无网/断网/弱网	是否有相应解决方法或提示？		
	状态变化	从Wi-Fi模式到数据流量模式时是否需要提示？是否需要切换模式？		
账号权限	未登录	登录和未登录的权限差别，需要登录后才可操作的功能是否唤醒登录？		
	用户权限	需要读取权限吗？		
		是否告知用户有权限的区别？		
		是否告知用户如何获得权限？		
		如何情感化地告知用户没有权限？是否告知解决方法？		

图 21-7　特殊场景再查交互设计走查

以下是一个简单的 UI 设计走查表的示例。

1. 导航和布局

检查导航是否清晰、易于理解和使用。

检查布局是否符合设计规范和目标用户的需求。

2. 按钮和交互元素

检查按钮和其他交互元素是否易于点击和操作。

检查元素的颜色、大小和样式是否一致。

3. 文本和内容

检查文本是否清晰、准确，易于理解。

检查内容是否符合目标用户的需求和期望。

4. 响应性和加载时间

检查页面在不同设备和浏览器上的响应性和适应性。

检查页面加载时间是否快速和稳定。

5. 视觉一致性和风格

检查设计风格是否一致，包括颜色、字体、图标等。

检查设计是否符合品牌形象和目标用户群体的审美需求。

6. 可用性和用户体验

检查设计是否符合用户的使用习惯和期望。

检查是否有任何可能引起混淆或误导的元素或设计。

7. 测试和修复

对设计进行测试，发现和修复问题。

对改进的地方进行记录，以便进一步优化和完善。

UI 自查注意事项主要包括以下几点。

1）用户体验：检查应用或网站是否易于使用，导航是否直观，以及用户能否快速找到所需的功能或信息。

2）一致性：确保在整个应用或网站中，设计元素、布局和风格都是一致的。

3）色彩和字体：检查使用的颜色和字体是否符合品牌形象，并且易于阅读。同时，也要考虑色盲用户的需求。

4）响应时间：测试应用或网站的加载速度，确保用户操作的及时性和准确性。

5）图形和图标：检查所有的图形和图标是否清晰、准确，并且与整体设计风格相一致。

6）布局：检查布局是否合理，如文本间距、元素之间的间距等。

7）可读性：确保文本易于阅读，考虑使用大写字母、行高、字间距等来提高可读性。

8）交互设计：检查所有的交互是否符合用户的期望，如按钮的大小、位置和颜色等。

9）文化敏感性：确保设计中没有包含任何可能被视为冒犯或不敬的内容。

10）无障碍性：确保应用或网站对所有人都是无障碍的，包括残障人士。

11）兼容性：测试应用或网站在不同的设备和浏览器上的表现，确保其兼容性。

12）安全性：检查是否存在任何可能的安全风险，如跨站脚本攻击（XSS）或 SQL 注入等。

13）版权和商标：确保使用的所有内容都是合法的，没有侵犯任何版权或商标。

14）隐私政策：检查隐私政策的清晰度和准确性，确保用户数据的安全和隐私。

15）反馈机制：确保提供了一个有效的反馈机制，以便用户可以轻松地提供他们的意见和建议。

◆ 21.2 蓝湖协同合作平台

蓝湖是一款产品文档和设计图的共享平台，能够帮助互联网团队更好地管理文档和设计图。蓝湖可以在线展示 Axure，自动生成设计图标注，与团队共享设计图，展示页面之间的跳转关系。蓝湖支持从 Figma、Sketch、Photoshop 一键共享、在线讨论，而且蓝湖只需简单几步就能将设计图变成一个可以点击的演示原型，蓝湖还支持分享给同事，让他们也可以在手机中查看设计效果。蓝湖已经成为新一代产品设计的工作方式，只要登录网站 https://lanhuapp.com 即可使用。蓝湖的用户界面如图 21-8 所示。

图 21-8 蓝湖界面

第**22**章

UI 作品集和常见面试 100 题

本章讲解 UI 作品集制作和 UI 设计师常见面试 100 题。

◆ 22.1　UI 设计师作品集制作

UI 设计师作品集可以按照以下几点来制作。

1）尺寸建议 1920×1080px。作品集有封面、封底，封面要写上 UI DESIGN 和作品集打包时间及设计师名字，以及手机号码、邮箱、微信、QQ 等联系方式，以便用人单位用他们习惯的方式联系你，封底写上 THANK YOU，可以再写一次联系方式，不用让他人翻到封面去查找联系方式。

2）第二页一般是个人履历，最好有个人照片，否则会影响面试机会。个人履历包括基础信息、学校专业及工作经历，应把公司名称、工作时间和工作内容简要地写一下。

3）作品分类。

图标设计 2 ～ 3 套，如手机主题系统图标、拟物图标 1 ～ 2 个，MBE 风格及其他运营风格的图标 1 ～ 2 套。

手机应用设计 2 ～ 3 套，带交互及视觉最好是不同方向、不同风格的。

小程序设计 2 ～ 3 套，建议可以制作完成上线的案例。

网页设计，最好包括企业官网、电商站、PC 后台和运营活动页。

平面设计，包括 VI、LOGO、宣传册、三折页、吉祥物等。

前沿设计，包括数据可视化、汽车 HMI 设计等。

其他设计，包括扁平天气插画、噪点插画、C4D /Blender 三维作品、UI 动效等。

4）打包工具，可以用网上的 PDF 生成工具把排版好的图片打包成 PDF。也可以用 PPT 或者 Keynote 等软件做成带动效版本的。最好压缩到 10MB 内，便于邮箱投递。页数建议 50 ～ 100 页之间。如果还能制作个人作品集视频版就更好了。

UI 设计师作品集注意事项如下。

（1）清晰度：无论是在线还是印刷，作品集的清晰度都是首要的。如果图片质量不高，会影响观感。因此，请确保作品集中的所有图像都具有高分辨率。

（2）简洁性：尽量保持作品集简洁，避免放入过多的冗余内容。每个项目应该有清晰的标题和描述，以便让雇主或客户快速理解您的设计思路和成果。

（3）代表性：确保作品集中展示的作品能够代表您的最佳水平。如果有很多项目，可以选择一些最能体现您设计技巧和能力的项目放入作品集。

（4）多样性：虽然要选择最能体现自己水平的作品，但也要在作品中体现多样性。例如，可以展示您在移动应用、网页设计、图形设计等方面的能力。

（5）逻辑性：作品集的排版要有逻辑性，可以采用时间线方式、主题方式等来组织作品。每个项目之间要有清晰的过渡，让读者能够按照您的设计思路进行浏览。

（6）交互性：如果可能的话，可以在作品集中加入一些交互元素，如动画、视频、声音等，以展示您的交互设计能力。

（7）响应式设计：随着移动设备的普及，响应式设计变得越来越重要。因此，在作品集中展示您在响应式设计方面的能力也是非常重要的。

（8）注释：对于每个作品，如果可以的话，添加一些注释或说明，以便让读者更好地理解您的设计思路和技巧。

（9）个人风格：在作品中体现个人风格是非常重要的。没有个人风格的 UI 设计师很难在设计界立足。因此，在作品集中展示自己的独特风格和创造力是至关重要的。

总之，一个优秀的 UI 设计师作品集应该简洁、有逻辑、有创意、有个人风格，并且能够展示设计师的最佳水平。

下面是视觉客 |UEGOOD 学员作品集赏析。

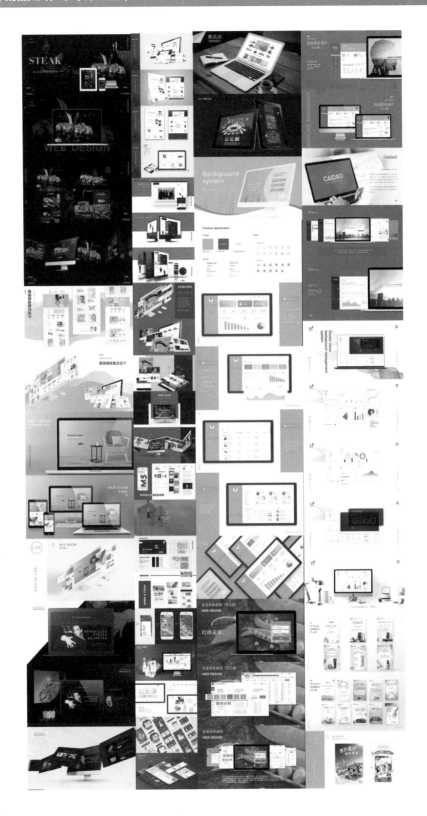

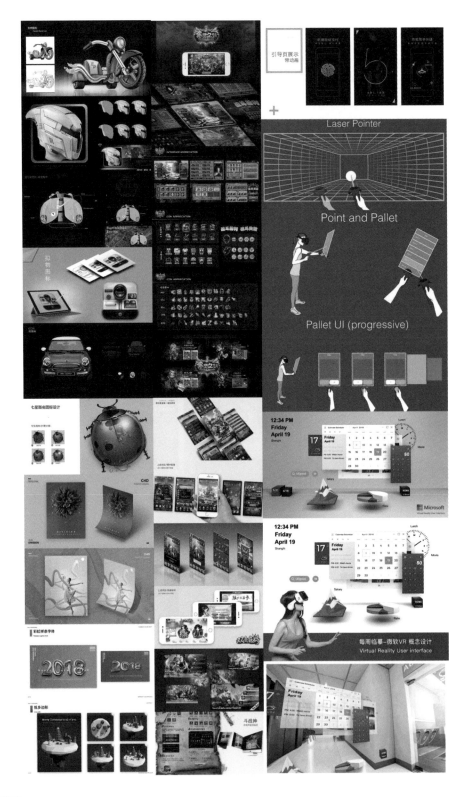

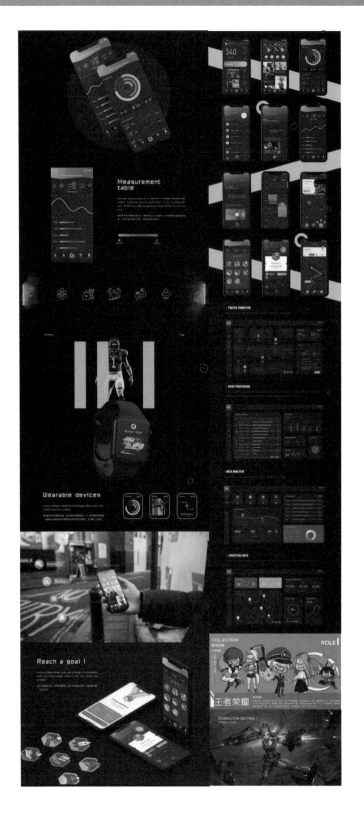

◆ 22.2　UI 设计师常见面试 100 题

1）你为什么要做 UI？你之前不是这个专业的，怎么想起来做 UI 的？

2）请介绍一下你自己？你是怎么知道我们公司的？你对我们公司有什么了解？

3）你平时一般上什么网站？你收集了多少素材？你平时是怎么整理素材的？你一般去哪里找素材？

4）你是怎么决定一个产品的配色的？

5）你平时都用一些什么软件？

6）你主要用什么工具进行 UI 设计？

7）整套产品的设计流程是怎么样的？

8）App 一般做几个尺寸？屏幕分别是什么像素？

9）你用什么软件或平台进行项目团队协作？

10）PNG 的原理是什么？

11）你离开上家公司的原因是什么？

12）你对加班怎么看？

13）你有没有已上线项目？

14）你对交互设计师怎么理解的？

15）某款 App 在交互上有哪些优点？

16）你对用户体验的理解是什么？

17）你了解我们公司吗？

18）根据你自己最满意的一个作品，来说说你为什么这么设计？

19）如果你的设计程序员做不出来，让你大量改图怎么办？

20）你有没有参加过设计比赛？

21）你懂 HTML5 和 CSS3 等技术吗？

22）你的职业发展目标是什么？你五年内的规划是什么样的？

23）iOS 和 Android 的 App 设计区别是什么？

24）什么叫 Web 响应式设计？

25）你会平面排版吗？一款 VI 设计需要注意什么？

26）你接到一个项目后，设计思路是怎么样的？

27）你一般设计一个 App 要多少时间？

28）什么是暖色？什么是冷色？什么是色相环、对比色、同类色？

29）一个电商网站的配色应该是怎样的？

30）一个 BANNER 的设计要素是什么？

31）我们公司的这款产品要改版，如果让你改，你会怎么改？

32）App 规范怎么做？App 设计的时候需要注意什么？

33）如果公司培养你做产品经理你愿意吗？

34）你的手绘和动效好不好？

35）如果你的设计 BOSS 和客户不满意，你怎么办？

36）你对薪资的期望值是怎么样的？

37）你工作的上家公司有多少人？公司主要经营什么业务？你做过哪些项目？

38）上家公司的设计部有多少人？你平时负责哪一块？

39）你不是设计专业的，你怎么才能保证你的设计比学院派的人好？

40）你觉得你自己的优势是什么？

41）请你说下 UI 和 UE 最大的区别在哪里？

42）谈谈你对用户体验与用户交互的理解。

43）你的作品集中项目上线的反馈怎样？

44）常用的手持设备中，一般有 7 种触屏手势，是哪 7 种？

45）在 UI 图形设计中，什么是比较关键的设计要素？

46）在 Android 设计的 72、48、36 的图标设计中，安全范围应该是多少？

47）手机的控制按钮原则上是在什么样的范围内设计？

48）手机的常用退出方式一般情况下会提供 2 种，是哪 2 种方式？

49）在手持设备上，色系应该尽量保持多少个？

50）手机的提醒模式或方式一般有几种？

51）常用的网页色彩设计原则是什么？

52）在网站设计中，应注意的网站设计原则是什么？

53）在工作中你是怎么和程序员交接的？

54）请你说一下 UI 和平面的区别是什么？

55）你怎么理解 UI 设计中的一致原则？

56）请问平面设计中，平面印刷要注意什么？

57）请问怎么做 App 的适配？

58）在整个 App 的项目中，你所担任的角色是什么？

59）说一说你比较满意的作品及满意在哪里？

60）请你谈一下，现在流行扁平化的设计，有什么优势？

61）你有关注现在的流行趋势吗？常去的网站和关注的设计师有哪些？

62）当下流行的设计风格有哪些？

63）Android 手机和 iOS 手机的常用尺寸是多少？怎么适配 iOS 和 Android？

64）说说你是怎么理解 UI 的。

65）推动一个项目的时间要多久？举个例子。

66）现在我们假设一下你正在公司做一个项目，哪些是你想要传递的设计素材？

67）到一个新的公司你认为怎么快速地参与到项目中去呢？

68）阐述一下设计一款 App 的想法和思路。

69）谈谈工作中你如何避免侵权。

70）谈谈你如何理解创新创意。

71）当客户需求和用户需求发生冲突的时候应怎么办？

72）如果有需求部门和产品经理的前期准备策划，对你的设计是有帮助还是约束你？

73）你喜欢玩哪些 App？可以说一下你认为市场上比较好的 App 的优缺点吗？

74）你平时用的网站和 App 中，你最喜欢哪个？列举两个并对其进行分析。为什么喜欢？

75）你认为做手机 UI 最难的地方在哪？

76）列出至少 5 个生活中用户体验不方便的案例，如电梯的上与下。

77）说说如何理解交互设计。

78）给你一个我们公司的网页，你能给我重新设计下吗？

79）可以给我们公司设计一款公司员工内部用的 App 吗？

80）你喜欢什么样的图标？为什么喜欢？

81）对安卓手机的理解，安卓手机与 iPhone 在界面设计上的区别，你认为在以往的工作中学到了什么？

82）你认为你现在在哪个方面还是有欠缺的？

83）你知道自己的作品的缺点是什么吗？

84）你认为你的技术能胜任这份工作吗？

85）你的三维表现能力怎样？

86）你有没有独立完成整套 App 设计的能力？

87）这个颜色用得不错，你是怎么选出来的？

88）给我说下你做这套 App 的思路吧？

89）你的作品是改版的吧？你为什么这样改？

90）一般 App 设计中，颜色不超过几个？

91）BANNER 设计中最常用的布局方法有哪几种？

92）界面设计、视觉设计、交互设计之间的关系是什么？如何理解？

93）你最快什么时候能上班？

94）网页设计应该注意哪些内容？

95）设计一款手机引导动画，并写出设计思路及使用到的工具软件。

96）你所知道的手机系统平台有哪些？

97）iPhone 的屏幕尺寸分辨率图标大小是多少？

98）你对数据可视化设计了解多少？

99）Android 的屏幕分辨率是什么？

100）你对汽车 HMI 设计是怎么理解的？